河流修复与生物多样性
英国和爱尔兰基于自然的河流修复方案

River Restoration and Biodiversity
Nature-Based Solutions for Restoring the Rivers of the UK and Republic of Ireland

著　[英]斯蒂芬·艾迪　　　[英]苏珊·库克斯利　　　[英]尼基·多德
　　[英]克里·韦伦　　　　[英]珍妮·斯托克恩　　　[丹]安雅·比格
　　[英]柯斯蒂·霍尔斯特德

译　水利部国际经济技术合作交流中心

U0198157

清华大学出版社
北　京

River Restoration and Biodiversity: Nature-Based Solutions for Restoring the Rivers of the UK and Republic of Ireland

ISBN: 978-0-902701-16-8

Copyright©CREW,IUCN NCUK.All rights reserved.

版权所有，侵权必究。举报：010-62782989，beiqinquan@tup.tsinghua.edu.cn。

图书在版编目（CIP）数据

河流修复与生物多样性：英国和爱尔兰基于自然的河流修复方案 / (英) 斯蒂芬·艾迪 (Stephen Addy) 等著；水利部国际经济技术合作交流中心译. —北京：清华大学出版社，2022.8
书名原文: River Restoration and Biodiversity: Nature-Based Solutions for Restoring the Rivers of the UK and Republic of Ireland
ISBN 978-7-302-61582-8

Ⅰ. ①河… Ⅱ. ①斯… ②水… Ⅲ. ①河流－生态恢复－研究－英国 ②河流－生态恢复－研究－爱尔兰 Ⅳ. ①X522.06

中国版本图书馆CIP数据核字（2022）第141816号

责任编辑：王向珍　王　华
封面设计：陈国熙
责任校对：赵丽敏
责任印制：朱雨萌

出版发行：清华大学出版社
　　　　　网　　　址：http://www.tup.com.cn, http://www.wqbook.com
　　　　　地　　　址：北京清华大学学研大厦A座　　　　　邮　　编：100084
　　　　　社 总 机：010-83470000　　　　　邮　　购：010-62786544
　　　　　投稿与读者服务：010-62776969, c-service@tup.tsinghua.edu.cn
　　　　　质量反馈：010-62772015, zhiliang@tup.tsinghua.edu.cn
印 装 者：小森印刷（北京）有限公司
经　　销：全国新华书店
开　　本：170mm×240mm　　　　印　　张：7　　　　字　　数：117千字
版　　次：2022年10月第1版　　　　　印　　次：2022年10月第1次印刷
定　　价：88.00元

产品编号：097961-01

中译本说明

河流生态系统退化是当今世界面临的一个重要挑战，随着全球范围内工业化和城市化进程的加快，河流栖息地受到侵蚀，生物多样性遭到破坏。为应对这一挑战，自20世纪80年代以来，英国和爱尔兰一直遵循基于自然过程的修复理念，在河流生态修复领域开展大量实践活动。

基于数十年来河流修复与生物多样性恢复工作成果，世界自然保护联盟英国国家委员会（International Union for the Conservation of Nature National Committee UK, IUCN NCUK）和苏格兰水技术中心（Scotland's Centre of Expertise for Waters, CREW）于2016年联合出版了《河流修复与生物多样性：英国和爱尔兰基于自然的河流修复方案》。该书结合河流动力学、生态工程学和生物多样性保护等多方面的专业知识和修复实践，系统阐述了河流对生物多样性的重要作用，分析总结了人类活动对河流栖息地和生物多样性的影响，归纳了河流修复产生的效益、常用的修复方法与技术，并就进一步改进河流修复提出具体建议。

在2022年全国水利工作会议上，李国英部长指出要"提升江河湖泊生态保护治理能力，维护河湖健康生命，实现人水和谐共生"。书中介绍的有关理念和经验方法，对于我国水利行业复苏河湖生态环境、维护河湖健康生命相关工作具有较好的参考价值。

水利部国际经济技术合作交流中心组织了原著的中文翻译工作，参加本书翻译工作的有夏志然、郑晓刚、姜凯元、赵晨、张林若、刘博、孙岩、李卉、鞠志杰、武哲如等。翻译校核由唐克旺、胡文俊、张愫完成，金海、朱绛审定全书。

在组织开展本书的翻译出版过程中，得到了CREW的鲍勃·弗里尔（Bob Ferrier）教授的大力支持和帮助，同时也得到了IUCN中国代表处张琰主任等的支持，在此表示衷心的感谢。

本书的翻译出版得到了水利部国际经济技术合作交流中心（INTCE）与联合国粮食及农业组织（Food and Agriculture Organization of the United Nations, FAO）

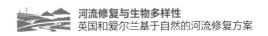
河流修复与生物多样性
英国和爱尔兰基于自然的河流修复方案

合作实施的全球环境基金（Global Environment Facility, GEF）赠款"生物多样性保护中国水利行动"项目的资助。

水利部国际经济技术合作交流中心

2022 年 4 月

英文原版序言

本专著由世界自然保护联盟英国国家委员会（IUCN NCUK）委托编写，是"IUCN NCUK 河流修复与生物多样性项目"的成果之一。

专著由苏格兰水技术中心（CREW）提供资金支持。

专著由 IUCN NCUK 和 CREW 联合出版。

IUCN 作为一个全球性组织，致力于为全球的自然保护发出具有影响力的、权威的声音。IUCN NCUK 代表英国及其海外领地和王室属地的 30 多个 IUCN 会员单位，其工作重点是实施以四年为一个周期的世界自然保护联盟计划。

CREW 将研究和政策相联系，提供客观、有深度的研究和专家观点，以支持苏格兰水政策的制定和实施。CREW 是詹姆斯·赫顿研究所（James Hutton Institute）和苏格兰高等教育学院（由苏格兰海洋科技联盟/MASTS 支持）之间的合作伙伴平台，由苏格兰政府资助。

专著编写人员：斯蒂芬·艾迪（Stephen Addy）、苏珊·库克斯利（Susan Cooksley）、尼基·多德（Nikki Dodd）、克里·韦伦（Kerry Waylen）、珍妮·斯托克恩（Jenni Stockan）、安雅·比格（Anja Byg）、柯斯蒂·霍尔斯特德（Kirsty Holstead）

苏格兰水技术中心（CREW）

詹姆斯·赫顿研究所（James Hutton Institute）

Cragiebuckler

阿伯丁

苏格兰，英国

AB15 8QH

专著索引：Stephen Addy, Susan Cooksley, Nikki Dodd, Kerry Waylen, Jenni Stockan, Anja Byg and Kirsty Holstead（2016）River Restoration and Biodiversity: Nature-based solutions for restoring rivers in the UK and Republic of Ireland。

CREW reference：**CRW2014/10**。

ISBN:978-0-902701-16-8

版权所有。未经 CREW 管理层的书面授权，不得将本专著的任何部分复制、修改或录入检索系统。我们尽力确保本书稿提供信息的准确性，但对于所出现的错误、疏忽和容易引起误解的陈述，我们不承担任何法律责任。本专著所表述的声明、观点和意见均来自为 CREW 的活动做出贡献的作者们，并不代表主办机构和赞助方的观点。

致谢：

著作指导小组	其他贡献者
Phil Boon（苏格兰自然遗产署）	Erica Dewell（邓迪大学）
Catherine Duigan（威尔士自然资源署）	Anna Doeser（斯特林大学）
Judy England（英国环境署）	Hugh Chalmers（特威德论坛）
Jake Gibson（北爱尔兰环境署）	Luke Comins（特威德论坛）
Chris Mahon（IUCN NCUK）	Nick Elbourne（皇家豪斯康宁公司）
Chris Mainstone（英格兰自然署）	Nathy Gilligan（公共设施办公室）
Roberto Martinez（苏格兰环境保护署）	Peter Gough（威尔士自然资源署）
Wendy McKinley（北爱尔兰环境署）	James King（爱尔兰内陆渔业署）
Martin Janes（河流修复中心）	Amanda Mooney（爱尔兰内陆渔业署）
Angus Tree（苏格兰自然遗产署）	Ann Skinner（英国环境署）
	Chris Spray（邓迪大学）
	Hans Visser（芬格尔郡议会）
	Jenny Wheeldon（英格兰自然署）

感谢艾米莉·海斯汀斯（Emily Hastings, CREW）审核了本专著。

设计和排版：格林·多尔（Green Door）

插图：科尼西斯·克里蒂夫（Kinesis Creative）

封面图片：英格兰坎布里亚郡利思（Leith）河。利思河在彭里斯附近的河段于 2014 年修复至其自然弯曲的状态，以维护动植物与人类的共同利益（©Linda Pitkin/2020VISION）。

目　　录

前言　　　　　　　　　　　　　　　　　　　　　　VII

摘要　　　　　　　　　　　　　　　　　　　　　　IX

第 1 章　背景介绍　　　　　　　　　　　　　　　　1

第 2 章　河流对生物多样性的重要作用　　　　　　　10

第 3 章　人类对河流栖息地的改变　　　　　　　　　25

第 4 章　河流修复的效益　　　　　　　　　　　　　36

第 5 章　如何修复河流　　　　　　　　　　　　　　51

第 6 章　关于河流修复的建议　　　　　　　　　　　66

第 7 章　河流修复的未来　　　　　　　　　　　　　71

术语表　　　　　　　　　　　　　　　　　　　　　73

参考文献　　　　　　　　　　　　　　　　　　　　77

参考网址　　　　　　　　　　　　　　　　　　　　94

前　　言

　　过去的环保运动对河流关注相对较少。保护区内有各种各样的湿地，但对河流本身却很难以这种方式进行保护，主要是因为河流往往是人类活动的重要场所。然而，河流在生物多样性以及生态系统服务方面都发挥着巨大的作用。河流也是美丽的、令人愉悦的享受之地。初夏时节，沿着清澈见底、充满生机的鳟鱼溪流漫步，是一种美妙而富有诗意的体验。

　　数个世纪以来，英国和爱尔兰共和国的河流一直受到多重威胁。河堰、水坝和其他各种障碍已经隔断了许多曾经常见的物种的迁徙路线，并降低了大部分河流沿线的连通性。流域森林的消失增大了季节性洪水的风险，各种形式的干预措施（如河道裁弯取直和防止横向摆动）扰乱了自然洪水规律，并破坏了洪泛区生态系统的内部连通性。此外，杀虫剂、除草剂、化肥、工业和生活垃圾等各种类型的污染物把一些河流变成了下水道，这些河流里的生物基本消失。同时，河流也特别容易受到破坏性入侵物种的威胁，如美国小龙虾和美洲水鼬。许多河岸上生长的喜马拉雅凤仙花看起来可能很漂亮，但在许多地方，这种凤仙花已成为单一植物，阻碍了植物的多样性发展。

　　尽管存在这些威胁，但近年来还是有一些好消息。在英国和爱尔兰，对产生水污染的各种人类活动采取的严格管控已经显著促进了许多河流的修复。近几十年来，欧亚水獭在许多地区的恢复是更大范围生态系统恢复的标志。通过采取措施恢复河流纵向连通性，可能会重新开启包括西鲱、葡萄牙鲱鱼、河七鳃鳗、海七鳃鳗和胡瓜鱼等鱼类的洄游路线，这些鱼类目前正处于大幅减少的状态。

　　然而，我们还有更多的工作有待开展。正是出于这一原因，我们高兴地看到《河流修复与生物多样性：英国和爱尔兰基于自然的河流修复方案》专著的出版，这是在世界自然保护联盟（IUCN）英国国家委员会赞助下英国和爱尔兰专家合作的成果。专著提供了后续行动的蓝图，主要有以下几点：

- 健康的河流对人类和自然都很重要，但过去河流遭到了破坏，造成了严重的问题，现在迫切需要加以解决。

- 河流修复对实现生物多样性保护和可持续发展非常重要。
- 人类通过与大自然和谐共处能够实现原本相互冲突的目标。
- 通过自然的过程以及自然洪水管理来进行河流修复，能够高效、低成本地应对气候变化。

我们对本专著的编写组表示祝贺，希望英国和爱尔兰政府认真对待书中提出的建议，制定有雄心的河流修复议程，并成为他国学习的范例。为此，我们希望有朝一日，大西洋鲟鱼再次迁徙到英国和爱尔兰的河流中产卵，淡水鳕再次活跃在英格兰东部的河流之中。

西蒙·斯图亚特（Simon Stuart）
IUCN 物种生存委员会主席

皮特·威特（Piet Wit）
IUCN 生态系统管理委员会主席

摘　　要

河流及其洪泛区是英国和爱尔兰共和国最重要的环境类型之一，尽管它们所占面积不大，但却支撑着高度多样化的野生动物及其栖息地。自然功能良好的河流在文化、宜居环境、供水、防洪等方面都有显著的社会价值。

人类对河流的开发使得河流自然特性普遍退化，导致特有栖息地、生物多样性以及河流功能的丧失，这些功能至关重要。鉴于此，我们有必要修复河流，同时采取措施保护河流，以防止发生更多的破坏。

河流修复的目标应该是恢复特有栖息地和生物多样性。河流修复可以定义为：**重建河流系统的自然物理过程（如水流变化和泥沙运动）、特征（如泥沙粒径和河流形态）以及物理栖息地（包括淹没区、河岸区和洪泛区）。**

恢复水质和清除入侵物种对于河流栖息地以及生物多样性的恢复同样重要，但这些问题不是本书的重点。英国和爱尔兰共和国从 20 世纪 80 年代末开始进行河流修复，修复已成为河流管理的重要部分；目前两国已开展了 2000 多个项目。大多数项目的修复没有基于整个流域，而是集中在河段、低洼地，主要关注局部的问题。

欧盟的相关法规（如《水框架指令》《栖息地指令》《洪水指令》等）是英国和爱尔兰共和国开展河流修复的主要驱动力。在英国，《自然洪水管理手册》（2016）[1]、《皮特审查报告》（2008）[2] 和《给水留出空间》（2004）[3] 都支持通过河流修复来减少洪水风险。

精心规划的河流修复可以在短期内改善自然栖息地和生物多样性，但要充分发挥其效益，尤其是大规模（覆盖整个流域）的修复，需要更长的时间。

我们推荐的修复技术尊重自然过程，让河流自行恢复，主要基于以下几方面：

（1）使用这些技术所产生的结果更加适合河流本身的状态以及原生动植物赖以生存的栖息地。

（2）与工程手段建造的渠道或栖息地相比，这些技术可以形成动态的、更有韧性的及可持续性的栖息环境，在应对气候变化方面更能体现其优越性。

（3）通过自然过程修复并维护河道，施工和维护成本更低。

（4）这些技术不仅仅局限于单个栖息地元素或物种的恢复，还能够实现整个河流－洪泛区生态系统的恢复。

（5）这些技术还有助于恢复生态系统的洪水调蓄功能。

修复技术应重点恢复对自然河流栖息地和生物多样性至关重要的四个方面：

（1）河道因侵蚀和泥沙沉积而形成的自由横向摆动。

（2）河流和洪泛区之间水、泥沙、有机物质和生物群的自由连通。

（3）上下游之间水、泥沙、有机物质和生物群的自由连通。

（4）天然河岸植被群落及其与相邻河流之间的生态连通。

本书中，我们为决策者和从业人员提出 20 项建议以促进和改善河流修复工作：

制定支持河流修复的政策

（1）保证政府提供长期投资（5 年以上），以促进河流修复项目的规划、实施和评估。

（2）简化监管和审批流程，协助实施小规模、低风险的修复项目。

（3）考虑采用创新方式（如通过土地收购、土地置换、土地保护契约和地役权或为土地用途改变付费等）补偿土地所有者。

为修复提供资金

（4）展示河流修复的长期效益——如降低维护成本和减少洪水风险，从而鼓励更多的自发行动（自筹资金或以实物形式的支持）。

（5）利用已有计划多渠道资金的长期支持，包括农业环境计划和基金资助。

（6）考虑其他资金渠道来支持修复规划和行动，包括生态系统服务付费、开发商出资计划以及引导食品生产商投资修复项目。

制定有效的修复规划

（7）在流域尺度上评估河流退化的过程和原因，以便在适当的地方、以适当的规模采取合适的修复措施，解决自然栖息地退化的根本问题。

（8）利用现有框架为大规模规划提供决策支持，比如 REFORM（河流修复 – 推进有效的流域管理）规程 [4] 以及英格兰河流修复战略 [5] 等。

（9）鼓励对河流修复规划和实施进行长期努力。

（10）平衡"自上而下"的战略和"自下而上"的行动，调动人们对河流修复的关注和热情。

（11）根据不同情况评估项目活动的风险水平，确保风险与每个项目的成本匹配 [4]。

（12）尽早让所有利益相关方（土地所有者、河流信托基金、非政府组织、志愿团体和社区）参与其中，包括那些可能尚未参与修复工作的利益方，以便获得支持并最大限度地了解当地情况。

（13）制定清晰和可考核的项目目标，充分考虑社会和经济方面的制约因素。

收集数据并评估项目

（14）通过在选定地点进行长期监测（5 年以上），增强河流修复证据的有效性。监测活动应覆盖一个大的地理范围，并使用稳健的科学方法对基于过程的项目实施进行评估。监测应在实施修复前后进行，时间应足够长，以便监测到短期和长期的变化。

（15）推广应用可适用于所有地点的简单易行、经济有效的监测方法（如定点摄影）。这些监测方法的一致性对于保证项目间的可比性至关重要。

（16）通过公众科学（注：指科学研究中的公众参与与合作）提供有用信息，使人们很好地了解和爱护所处的河流环境。

（17）利用监测数据客观地评价项目，并为未来其他项目的设计和实施提供借鉴。

（18）了解不同的项目是如何进行的，从而发现机遇和困难，完善未来的工作。

宣传项目成效

（19）宣传河流修复遵循的原则和产生的效益，增强其影响，克服阻碍，为未来的项目提供经验支持。尤其要根据受众来制定宣传内容，使人们了解长期的、流域

尺度的河流修复能带来的效益，并分享知识。

（20）促进河流修复活动与其他保护行动、景观恢复和政策驱动相结合，以增强其附加价值。

河流修复可使河流恢复自然功能，改善生物多样性，同时让人类社会与河流重新和谐共处，并从中受益。

第 1 章
背景介绍

　　河流及其洪泛区是英国和爱尔兰最重要的自然环境类型之一。与其他生态系统相比，河流滋养着更多的动植物 [6]。生物多样性（专栏 1.1）及其保护与恢复对维持河流的自然特性至关重要。

专栏 1.1　生物多样性的概念

　　生物多样性是指："所有来源的形形色色生物体，这些来源除其他外，包括陆地、海洋和其他水生生态系统及其所构成的生态综合体；这包括物种内部、物种之间和生态系统的多样性。"（《生物多样性公约》，1992 年）[a]

　　生物多样性的定义意味着生物、生物群落以及栖息地之间的联系得到重视。

　　由于人类活动的影响，生物多样性在世界范围内广受威胁，河流环境也不例外。195 个国家和欧盟都是《生物多样性公约》（Convention on Biological Diversity，CBD）的缔约国，我们认识到需要通过生态保护来阻止全球生物多样性继续丧失。2011 年的名古屋《生物多样性公约》大会制定了 20 个目标作为缓解生物多样性丧失战略的一部分，并宣布 2011—2020 年为联合国生物多样性十年。

　　生物多样性保护的一个关键理念是识别和保护典型的生物多样性。这意味着应该促进生物群落和相关栖息地的完整性，这些栖息地应该是不受人类干扰而自然形成的生境。在制定河流保护和修复的规划时，这个理念对于河流生物多样性的评估至关重要。例如，在一条已经物理退化的河流中，整个生物群落的多样性可能会有改变，也可能会与未改变时的多样性相似 [7]，但构成其多样性的物种却不是在那个特定环境下应该有的典型物种。这样的系统值得进行物理修复，以使生物多样性恢复到其特有的状态。

图 1.1　英国和爱尔兰共和国河流环境的多样性

（A）爱尔兰共和国，卡文郡，厄恩河（© Peregrine, Dreamstime）；（B）北爱尔兰，安特里姆郡，丹河（© Robert Thompson, NaturePL）；（C）英格兰，汉普郡，伊琴河（© Linda Pitkin/2020VISION）；（D）威尔士，登比郡，迪河（© David Noton Photography, NaturePL）；（E）苏格兰，莫里郡，埃文河（© Steve McAleer, 环境中心）

河流的生物多样性反映了它们流经环境的多样性（图 1.1）。由于河流的动力学特性，包括水生和陆生区域在内的河流栖息地通常会在较小的空间和时间尺度上发生变化。这些特征意味着河流具有较高的保护价值，因此很多国家和国际组织都致力于河流生态环境的保护。

我们重视河流是因为它们给人类提供了众多的生活必需品和服务，但工业革命以来为满足社会需求而对河流的高度开发利用导致河流自然特征普遍退化：特有生物栖息地和生物多样性丧失以及生态系统服务功能退化。河流栖息地已经成为欧洲受威胁最严重的生境类型之一 [b]。

河流承受着多方面的压力，包括点源和面源污染、人类取水活动、物种入侵以及物理改变。20 世纪初，各国开始共同努力解决与工业有关的水污染问题，并在改善水质方面取得了相当大的成效。近年来，人们认识到河流流量的改变、河流渠道化、防洪堤的建设、疏浚和堰坝蓄水都会对河流造成物理破坏，于是开始进行河流修复，以扭转几十年来对河流的物理改变。修复行动旨在恢复河流的生物多样性和人类所依赖的关键生态系统服务，如清洁饮用水的提供和对洪水风险的自然管理。

河流修复有多种描述，本书使用的是基于流域、溪流和河流的广义定义，具体如下：

河流修复是重建河流系统的自然物理过程（如水流变化和泥沙运动）、特征（如泥沙粒径和河流形态）以及物理栖息地（包括淹没区、河岸区和洪泛区）。

河流修复并不是把河流恢复到工业革命前的状态，这是不可能的，因为河流会随着时间而改变，另外还有社会环境的限制 [8]。我们提倡的是用自然过程来创造有特色的、可持续的、动态的河流物理栖息地，从而促进生物复苏以及人类生存所需的生态功能的恢复 [9]。

尽管恢复水质和流量以及清除入侵物种对于促进生态恢复同样重要，但这些问题并不是本书的重点（图 1.2）。本书的重点是恢复河流形态和动态过程，从而改善河流物理栖息地，即水流和河流形态相互作用的环境，这是动植物赖以生存并不断改变的环境。

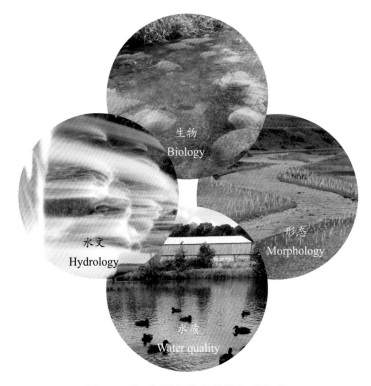

图 1.2　河流栖息地完整性组成部分

本书侧重于物理栖息地以及通过改善河流形态进行修复。（改编自 Mainstone and Holmes, 2010[5]）

　　在欧洲，为了保护生物多样性，防止生物多样性进一步丧失，欧盟及其成员国都对河流修复颁布法令。1992 年欧洲理事会（European Council，EC）颁布的《栖息地指令》明确了需要保护的重要河流栖息地类型和物种，要求在整个流域范围内达到"良好的状态"。《栖息地指令》和《鸟类指令》为欧盟范围内建立"自然2000"自然保护区网络提供了法律依据，该网络旨在保护欧洲珍稀濒危物种和受威胁的自然栖息地（图 1.3）。"自然 2000"自然保护区网络包含了最典型的栖息地和物种代表，由特别保育区（Special Areas of Conservation，SACs）和特别保护区（Special Protection Areas，SPAs）组成。英国的生物多样性行动计划和具有特殊科学价值的地点 / 区域网络（Sites/Areas of Special Scientific Interest，SSSIs/ASSIs）和爱尔兰共和国自然遗产区域进一步加强了对生物多样性的保护。在英国生物多样性行动计划和世界自然保护联盟（IUCN）红色名录中被列为优先保护的许多物种都与河流有关。英国有 346 种 IUCN 红色名录中的物种以河流为栖息地,爱尔兰共和国则有 262 种 [c]。2000 年颁布的欧盟《水框架指令》旨在维护或改善河流本身的自然属性,2007 年颁布的欧盟《洪水指令》支持恢复和维护河流的自然形态,以降低洪水风险,这为河流修复提供了进一步的推动力。立法、政府机构的扶持、资金的到位以及河流修复中心(River Restoration Centre,RRC)等机构提供的指导,意味着河流修复已成为河流管理的一个重要部分。

英国的河流修复可以追溯到 20 世纪 80 年代,到目前为止已经开展了 2000 多个项目,近年来项目数量迅速增加(RRC 数据库,2014)。与此同时,科学界对河流修复的关注越来越多,科学家把生态学、水文学和地貌学综合起来用以规划和评估修复工作 [11]。图 1.4 反映了自 20 世纪 90 年代以来不断出现的重要科学研究、政策和非政府组织的支持行动。

本书根据公开文献信息和利物浦研讨会(专栏 1.2)对河流修复工作进行回顾和概述,在此基础上提出了推广和改进河流修复方法的建议。鉴于未来气候变化的影响(如干旱和洪水频发)、人口的增长以及随之而来的对水资源需求的增加,保护和修复河流生态系统比以往任何时候都重要 [12]。

这是生活在苏格兰气候影响范围边缘的**北方二月红石蝇** *Brachytera putata*，目前只在英国发现。它的幼虫生长在水质优良、冬季能照到阳光、中低等坡降溪流的松散鹅卵石中。该物种是英国生物多样性行动计划中优先保护的物种，在英国被列为国家珍稀物种。

（© Gus Jones, BSCG）

福伊尔河特别保护区拥有北爱尔兰最大的**大西洋鲑鱼种群** *Salmo salar*，约占该地区鱼类总量的15%。大部分洄游的鲑鱼是小型鲑（在海上过一冬），也有少量但很重要的春季鲑（在海上过数冬）。个别子流域也有基因组成不同的鲑鱼种群。

（© Linda Pitkin/2020VISION）

在北威尔士的爱枫林溪（Afon Gwyrfai a Llyn Cwellyn）特别保护区营养贫乏的水域中，生长着**溪水毛茛** *Ranunculus penicillatus ssp. penicillatus*，中级水马齿 *Callitriche hamulata*，水生苔藓 *Fontinalis spp.* 和球根草 *Juncus bulbosus*。临近河流良好的走廊栖息地增强了该区域的保护价值。

（© 英国环境署，2022）

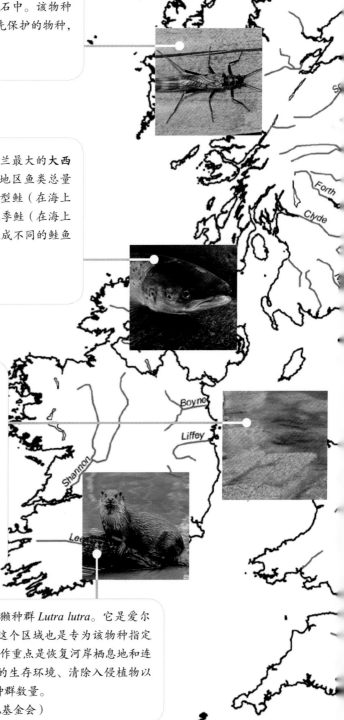

香农流域的马尔基尔河养育着水獭种群 *Lutra lutra*。它是爱尔兰共和国境内的一个重要种群，这个区域也是专为该物种指定的44个特别保护区之一。保护工作重点是恢复河岸栖息地和连通性，包括植树、建立灌木覆盖的生存环境、清除入侵植物以及改善河道栖息地，以增加鱼类种群数量。

（© Dave Webb，英国野生水獭信托基金会）

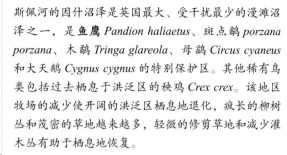

斯佩河的因什沼泽是英国最大、受干扰最少的漫滩沼泽之一，是**鱼鹰** *Pandion haliaetus*、斑点鹊 *porzana porzana*、木鹬 *Tringa glareola*、母鹞 *Circus cyaneus* 和大天鹅 *Cygnus cygnus* 的特别保护区。其他稀有鸟类包括过去栖息于洪泛区的秧鸡 *Crex crex*。该地区牧场的减少使开阔的洪泛区栖息地退化，疯长的柳树丛和茂密的草地越来越多，轻微的修剪草地和减少灌木丛有助于栖息地恢复。

（© Wikimedia Commons, NASA）

溪七鳃鳗 *Lampetra planeri* 生长在德文特河特别保护区，这是一种形似鳗鱼的原始无颌的鱼。它生长在溪水和河流中。成鱼不会向大海迁徙，也没有寄生期（不进食），并且会在它们以前生活过的松软泥沙附近的砾石中产卵。德文特河的栖息地为其所有生命阶段提供了必要的条件：用于产卵的、大量干净的砾石滩，以及用于幼鱼穴居的细小泥沙。

（© Jack Perks/Minden）

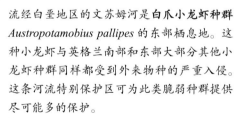

流经白垩地区的文苏姆河是**白爪小龙虾种群** *Austropotamobius pallipes* 的东部栖息地。这种小龙虾与英格兰南部和东部大部分其他小龙虾种群同样都受到外来物种的严重入侵。这条河流特别保护区可为此类脆弱种群提供尽可能多的保护。

（© 英格兰自然署）

图 1.3　英国和爱尔兰共和国境内受政策保护的河流栖息地及物种

　　这些政策通过指定特别区域并将某些栖息地和物种列为重点对象，对濒危物种进行保护。

（底图：© Esri, 德洛姆出版公司）

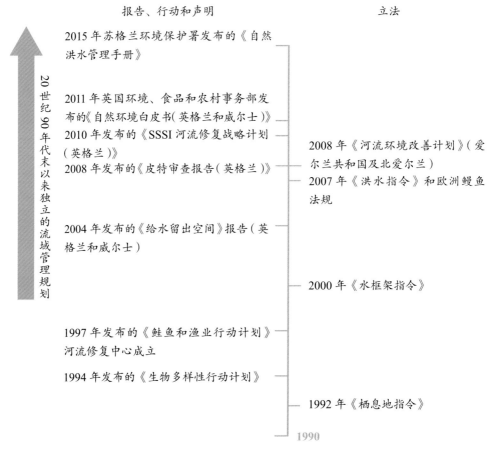

图 1.4 在过去 30 年中支持和加强河流修复的重要行动时间表（改自 Griffin et al.[10]）

专栏 1.2　IUCN 利物浦河流修复研讨会

　　2014 年 11 月在利物浦举行的一个研讨会对河流修复工作的进展进行了回顾，并对今后的工作提出了建议。该研讨会得到世界自然保护联盟英国国家委员会的支持。研讨会有 44 位专业工作者、科学家和环境司法部门及自然保护团体的代表参加。下列 15 项重要意见得到了与会者的大力支持[13]。

- 有证据表明英国和爱尔兰的河流普遍被破坏，因此对河流修复采取战略性措施十分必要。
- 需要将生态系统服务方法作为河流修复中生物多样性保护的补充，但不应取代它。
- 河流修复需要更完善的法规和激励措施。
- "标志性"物种可以作为有利的抓手来推广河流修复的理念，推动项目的开展。
- 河流修复项目需要长期的资金支持。
- 应该鼓励企业探索低成本且能促进自然过程的河流修复方案。
- 加强河流修复技术交流，探讨如何用不同的技术有效地达到不同的目标。
- 从河流修复的失败中吸取教训并分享经验。
- 我们需要证明河流修复是有益的，并且告知政策制定者、土地所有者和公众，从而改变他们的看法。
- 应在全流域的背景下讨论河流修复，因为这种方式能带来多重益处。
- 有必要对河流修复项目前后进行准确、简单、有针对性的监测。
- 在河流修复中，应更明确地考虑包括洪泛区和河岸带在内的横向连通性。
- 河流修复应综合考虑物理过程和生物过程。
- 修复不但应被视为一种恢复受损环境的手段，而且应被视为一种保护重要资源免受未来变化影响的手段。
- 不同部门之间需要加强协作，以最大限度地确保河流修复的成功。

第 2 章
河流对生物多样性的重要作用

2.1 引言

尽管包括河流在内的淡水水域占地球表面积不到 1%、占地表水总量不到 0.01%，但对全球的野生生物具有重要意义[14]。与河流相关的动植物群落之所以丰富多样，是由于河流栖息地提供了各种各样的庇护所、繁殖地和觅食机会[15]（图 2.1）。

河流栖息地是由下垫面地质条件及气候特征所决定的。这两个因素决定了河流的固有特征，例如，河流的比降和湍急程度；河流输运和沉积的泥沙成分；河水的酸碱性。在这些特性决定下，河流成为高度变化的环境，在物理、化学和生物过程的作用下（图 2.2），组成了形形色色、相互关联的栖息地，称为"栖息地马赛克"[16]（图 2.3）。

许多不同类型的栖息地都与河流和溪水相关（图 2.4）。这些栖息地包括按水流类型（如瀑布、急流和深潭）、形态特征（如砾石滩、河岸）或优势植物物种（如河岸林地或水生植物床）定义的各种区域。与河流紧密相连的栖息地包括：相关的湿地、沼泽、泥潭、洪泛区草甸和潮湿的林地。

栖息地有不同的规模，小到一粒沙子，大到洪泛区草甸。通常，栖息地是按中等规模定义的（几平方米至几十平方米），这些栖息地单元构成了栖息地马赛克的"拼块"（图 2.3）。在更大的规模上，河段是支持这些栖息地单元独特组合的河流长度。这些河段嵌套在更大的河流区段中，进一步构成河流网[17]（图 2.5）。

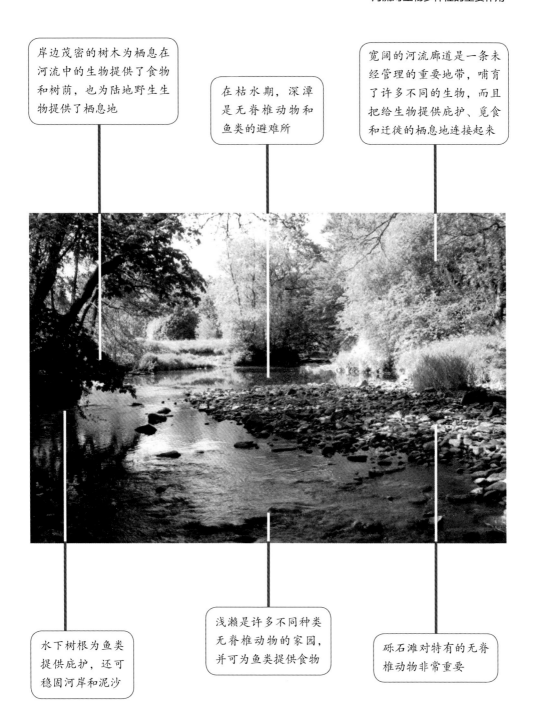

岸边茂密的树木为栖息在河流中的生物提供了食物和树荫，也为陆地野生生物提供了栖息地

在枯水期，深潭是无脊椎动物和鱼类的避难所

宽阔的河流廊道是一条未经管理的重要地带，哺育了许多不同的生物，而且把给生物提供庇护、觅食和迁徙的栖息地连接起来

水下树根为鱼类提供庇护，还可稳固河岸和泥沙

浅濑是许多不同种类无脊椎动物的家园，并可为鱼类提供食物

砾石滩对特有的无脊椎动物非常重要

图 2.1　河流的自然动态过程为野生生物创造了各种栖息地
（内森河，拉纳克郡，©詹姆斯·赫顿研究所）

河的**水流和泥沙运动**特性决定了河床栖息地的分布，例如鲑鱼产卵的砾石。河流中有一些流速剧烈波动的区域，但也有一些区域提供了躲避高流速或低流速水流的场所。像卵石滩和边缘带等区域就是间歇性干区域，尤其是在夏季。

（© Graham Eaton/NaturePL）

扰动（例如，由洪水引起）在构建河流群落和维持丰富的生物多样性方面发挥着重要作用。扰动可以使生态系统从一种持续的状态转变为另一种状态，例如，对既有植被群落的重构。健康的生态系统通常能够抵御扰动事件的冲击，这是因为系统中有避难所。

（© David Woodfall/NaturePL）

植被演替是植物群落发展的过程，从最初的先锋物种定殖发展到复杂的"顶极"群落。河岸植物群落的演替通常会发展成灌木丛和林地，它们对于连接水生栖息地和陆生栖息地以及提供水流中的木质障碍物而言至关重要。

（© 詹姆斯·赫顿研究所）

营养物循环是指河流系统中所必需的营养物的再利用、转化和运动。磷、氮和碳的循环尤其重要，因为这是生物体功能运作的基础。由于营养物的重要性、在淡水中的相对稀缺性及其对藻类生长速度的影响，营养物循环是最重要的生态系统过程之一。

（© Martin Janes，RRC）

植物和动物可以在河流中**"设计建造"**栖息地。例如，植物可以固定根部周围的细颗粒泥沙；摇蚊可以通过挖洞在泥沙中开辟通道，从而增加氧合作用。除了局部影响外，可能还有更广泛的影响。例如，按照品种和个体大小，一条鲑鱼挖巢可以扰动多达 $17m^2$ 的河床面积[18]，并将沉积在下面的泥沙和营养物释放出来。

（© Michel Roggo/NaturePL）

图2.2　在物理、化学和生物过程共同作用下，形成不同类型的河流栖息地

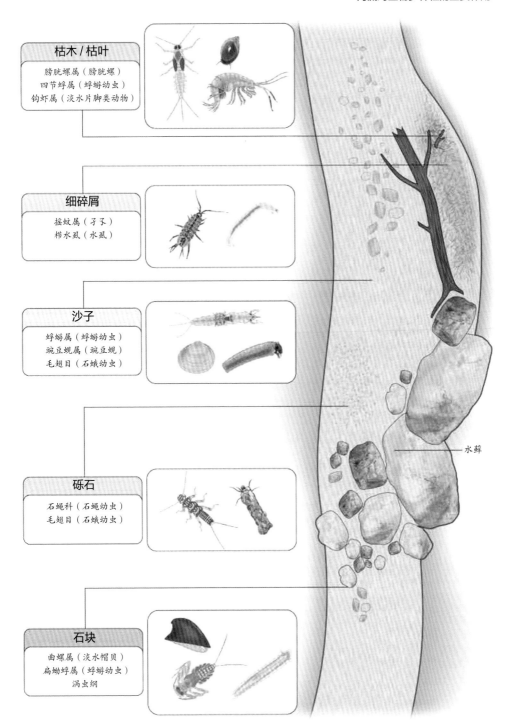

枯木/枯叶

膀胱螺属（膀胱螺）
四节蜉属（蜉蝣幼虫）
钩虾属（淡水片脚类动物）

细碎屑

摇蚊属（孑孓）
栉水虱（水虱）

沙子

蜉蝣属（蜉蝣幼虫）
豌豆蚬属（豌豆蚬）
毛翅目（石蛾幼虫）

砾石

石蝇科（石蝇幼虫）
毛翅目（石蛾幼虫）

石块

曲螺属（淡水帽贝）
扁蚴蜉属（蜉蝣幼虫）
涡虫纲

水藓

图 2.3 河流的物理、化学和生物过程形成了由中等规模栖息地单元组成的栖息地马赛克

不同的栖息地必须连接良好，使生物能够利用各种觅食和庇护机会，适应河流内不断变化的状况，并完成生命的循环（改编自 Bostelmann[d]）

瀑布是由基岩、漂石或卵石河床上的垂直水流形成的。飞溅的浪花能创造湿地栖息地，这是需要凉爽、潮湿环境的生物钟爱的栖息地。例如，苔藓和地衣，以及甲虫、石蝇和石蚕等特有物种。
（© Peter Cairns/ 2020VISION）

急流和跌水流经比较陡峭的山坡，高速水流创造了湍流的形态。大颗漂石为无脊椎动物和鱼类提供了躲避高速水流的庇护所。黑蝇幼虫（蚋科）喜欢斜槽流，也就是跌水中被水围绕的岩石和漂石表面的区域。
（© 詹姆斯·赫顿研究所）

浅濑是当高速水流流过浅水区的砾石或鹅卵石时，形成的碎波水面。浅濑是那些黏附性很强的动物的家园，也是鱼类喜欢的觅食区域，这是因为碎波水面可以帮助它们躲避捕食者，由于水中氧气充足，鲑鱼、七鳃鳗或鳟鱼把浅濑当作它们的产卵地（河床产卵区）。
（© 詹姆斯·赫顿研究所）

缓流（滑流）是指水面平静、流速适中的深水区域，通常有砾石河床或砂质河床。相比浅濑区，这些区域的物种丰富度和多样性往往较低，并经常被水生植物占据。
（© 詹姆斯·赫顿研究所）

深潭是水很深、流速较低的区域。它们为物种提供了深水保护和食物，这些食物来自深潭的河床上积累的有机物。
（© 詹姆斯·赫顿研究所）

图 2.4　河流栖息地及相关生物群落

回流（滞水）是与主河道相连的湿润区域，但在日常天气状况下几乎没有水流。它们是成鱼的庇护所、蜻蜓的主要繁殖栖息地和七鳃鳗的重要哺育场。
（© 詹姆斯·赫顿研究所）

大型水生植物床通过物理结构影响水流流动模式、沉积泥沙、提高营养水平和含氧量，从而形成复杂的栖息地。大型水生植物栖息地为各种无脊椎动物、鱼类和两栖动物提供食物、庇护所和产卵场。
（© Martin Janes，RRC）

树根和溪流中的木质障碍物可改善水质，稳固泥沙，并改善河流内物理栖息地类型的多样性。积聚的木质障碍物减缓了水流，形成了深潭和漩涡，鱼类可以在这里休息、躲避捕食者、避开直射的阳光。这些树木也为藻类、真菌、细菌、植物和昆虫提供了栖息地。
（© 詹姆斯·赫顿研究所）

裸露沉积物（泥沙）对植物和无脊椎动物（尤其是步甲、蜘蛛和大蚊）来说非常重要。这种栖息地对物种保护非常重要，因为它哺育了种类繁多的物种，其中包括一些特有物种和许多稀有、濒危的物种。
（© 詹姆斯·赫顿研究所）

河岸提供了在更广泛的景观中尤为稀缺的特有栖息地。水獭在陡峭的河岸上筑巢，且水鼠也在那里挖洞安家。灰沙燕群会在被侵蚀的河岸上筑巢。
（© Toby Roxburgh/NaturePL）

图 2.4 （续）

河岸（水边）植被群落的范围由成熟的林地到物种丰富的草地等。它们为水生物种提供重要的食物来源和庇护所，也哺育了包括蝙蝠和多种鸟类在内的许多陆地生物。

（© Martin Janes，RRC）

洪泛区水景提供了多种多样的栖息地，深受水禽、两栖动物和蜻蜓的喜爱，同时也为蝙蝠和爬行动物提供了重要的食物来源。洪泛区水景包括牛轭湖、永久湿地、水潭、沼泽、潮湿林地和芦苇床。

（© 詹姆斯·赫顿研究所）

洪泛区草甸由干草牧场演变而来，干草牧场是河谷以前常见的特征。由于农业集约化、建筑物开发和缺乏管理，它们在过去 50 年有所减少。少数现存的草甸都是重要的蓄洪区；由于草甸上生长着各种各样的开花植物，它们具有很高的自然保护价值，能为各种昆虫提供花蜜，也是环境变化的重要早期指标。

（© Martin Janes，RRC）

图2.4 （续）

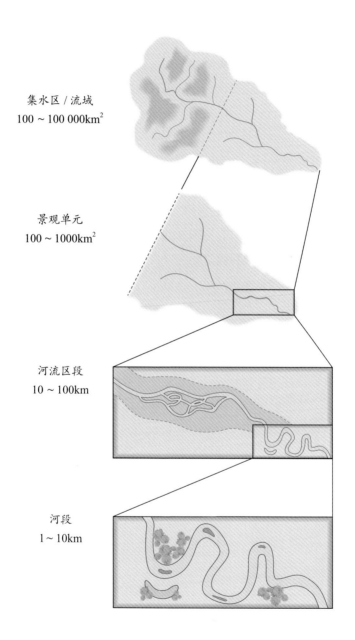

集水区 / 流域
$100 \sim 100\,000 km^2$

景观单元
$100 \sim 1000 km^2$

河流区段
$10 \sim 100 km$

河段
$1 \sim 10 km$

图 2.5 在不同规模尺度下观察河流环境
（改编自 Grabowski 等 [19]©2014 威利期刊公司）

2.2   河流栖息地的完整性和多样性

生物本身善于利用各种类型的栖息地。例如，浅濑是石蛾等黏附性水生昆虫的家园，能支持它们所黏附的植物的生存，这些植物要么根系牢固，要么只是硅藻类和小型藻类。相比之下，深潭的水更深、湍流更少，能在枯水期为动物提供庇护以躲避捕食者，还能沉淀有机碎屑作为动物的食物来源。栖息地可以按其所支持的特有植物和动物群落来定义，而这些群落的有无也可以用来评估栖息地的完整性。

栖息地的连通性是整个栖息地完整性评估的重要方面。生物需要随着河流条件的变化（例如，鱼类在丰水期迁移到有庇护的区域）和在其生命周期中的发育阶段（例如，石蛾的水生幼虫阶段较长，而随后的陆生阶段很短暂），在不同的栖息地之间迁移。然而，栖息地的形成时间和地点不固定，随着水流、温度和化学成分的变化，状况会不断变化，变化的幅度可以是常年累月的细微调整，也可以是经过一次像洪水这样的剧烈扰动之后造成的大规模、显著的变化。

栖息地类型多样的河流或小溪通常会支持更丰富的生物多样性，这是因为它们为生物的不同生命阶段提供了生长环境，也提供了各种各样的食物和庇护所[20]。因此，许多河流恢复项目的主要目标是建立各种不同的栖息地，而理想的实现方式是允许河流自然地、充分地发展出其特有的栖息地马赛克。生物本身在改造栖息地方面具有很大的影响力。例如，水生植物可以拦截泥沙，产卵的鱼类可以搅动河床底质。

2.3   河流环境中的连通性

能够发挥自然功能的河流廊道是复杂的、连通的通道，生物可以利用这些通道在环境中穿行。这种疏散功能可以造福许多陆生动植物以及淡水和两栖生物。例如，鱼类向上游洄游前往产卵场；大型无脊椎动物向下游栖息地漂移；通过漂浮传播种子；哺乳动物、鱼类和鸟类在河流、洪泛区、回水和河岸带之间移动。

河流及其河岸廊道通常会构成一条窄的变化较小的栖息地，在人类管理的环境中充当非正式的"保护区"[16]。因此，河流廊道对一系列陆生物种而言非常重要，这些陆生物种不一定直接依赖于河流环境生存，而是被河流提供的庇护所和资源所吸引。河流往往连接着像湖泊和池塘这样的破碎或退化的区域；湖泊和池塘扮演着类似的角色，从而充当着野生生物的"跳板"。

虽然从源头到海洋的纵向连通性是河流的核心特征，但河流还提供着其他密切的水文和生物联系，比如洪泛区栖息地和沿海栖息地之间的横向水文联系。特别是河流与洪泛区的联系被普遍认为是维持自然功能的重要因素，例如，许多河流物种依赖于来自陆地环境的营养物输入[6]。当连通被阻断时，就可能会影响整条河流的生物多样性。河流在其廊道内的运动会影响河岸侵蚀、泥沙输移和有机物的交换以及洪泛区内栖息地的形成等过程，这些过程反过来又会支持多种多样的栖息地，这些栖息地与河流干流相比具有非常丰富的生物多样性[21]。

另外还有一个不太明显的竖向连通，即自由流动的地表水与地下水在此相互混合。地表水与地下水在河床中的潜流带混合，对水中的化学成分和营养成分有重要影响，这些成分又会对生活在泥沙颗粒之间的小动物有影响，从而对河流的整体生物多样性有很大贡献[22]。潜流带的化学特征也影响着某些大型无脊椎动物临时栖息地的范围[23]和鱼卵的发育[24]。

2.4　英国和爱尔兰共和国的河流栖息地和物种

在英国和爱尔兰共和国，不同的气候、地质、冰川历史、海拔和土地利用形成各种各样的河流环境，这些环境哺育着不同的植物和动物（图 2.6）[25]。专栏 2.1~专栏 2.3 总结了三种具有代表性的河流环境类型——上游源头溪流、高能量河流和低能量河流——它们所伴有的栖息地和栖息于其中的物种（改编自 Mainstone 等[16]）。

道本通的蝙蝠 *Myotis daubentoni* 用它的大脚从水面上抓昆虫。它栖息在水边的树木和建筑物中。
（©Dale Sutton/2020VISION）

图 2.6　许多不同的植物和动物至少在其生命周期的一段时期内依赖于持续性流动水体

大西洋鲑鱼 *Salmo salar* 需要各种各样的河流栖息地来产卵、觅食和栖身。
（© Linda Pitkin/ 2020VISION）

淡水珍珠蚌 *Margaritifera margaritifera* 生活在大约 100 年的河床泥沙中。
（© Susan Cooksley，詹姆斯·赫顿研究所）

金环蜻蜓 *Cordulegaster boltonii* 的稚虫在成为成虫之前要在酸性溪流的深潭中生活 2～5 年。
（© Chris Mainstone，英格兰自然署）

欧洲水獭 *Lutra lutra* 主要以鳟鱼、鲑鱼和鳗鱼等鱼类为食。一只水獭的领地可以覆盖 20~30km 的河流。
（© Dave Webb，英国野生水獭信托基金会）

河乌 *Cinclus cinclus* 栖息在湍急的河流中。它在水下捕食，以昆虫幼虫和淡水虾类为食。
（© Richard Steel/ 2020VISION）

图 2.6 （续）

被藓类和苔类植物覆盖的漂石在陡峭的高地溪流中很常见。

（© Stan Philips，苏格兰自然遗产署（SNH））

水马齿苋 *Callitriche* sp. 等大型植物在流速缓慢的低地溪流中扎根，并能创造更多的栖息地。

（© 詹姆斯·赫顿研究所）

图 2.6 （续）

专栏 2.1 上游源头溪流环境

　　上游源头指将流域上游水量汇集到下游干流的较小支流，是河流发挥天然作用的重要基础。它们是水、泥沙、能量和营养物的主要来源，也是重要的栖息地。每个流域河流的大部分长度由上游源头构成[26]。

- 融雪、地表径流、泉水或湖泊为各种上游源头提供水源，其环境类型有：开阔的沼泽地溪流、流经山地毡状沼泽的叠水瀑布以及由白垩岩含水层提供水源的季节性间歇河。

- 一些上游源头全年都有水流，而另一些则在夏季干涸。水流的持续性对其中的动植物有很大影响，例如季节性河流中的物种都能适应河道间歇性的干涸。

- 生物群落（食物链）由主要营养来源决定。在没有树木的高地溪流中，附生藻类是食物链底端，有利于靠刮食或擦食藻类为生的无脊椎动物进食。在绿树成荫的上游源头，落叶层是主要的营养物来源，并由此建立了以碎食树叶的无脊椎动物为基础的食物链。

- 在林线以下，河岸的树木、树根和河道中的木质障碍物为生物提供了食物和庇护所，改变了水流模式，促进了河道的蜿蜒曲折，并由此形成了许多不同的栖息地，也哺育了更广泛的物种。

- 许多上游源头溪流对生物保育至关重要：
  - 富钙水汇集水域形成了在欧洲受保护的栖息地"凝灰岩地层（cratoneurion）的石化泉水"，并哺育了稀有的苔藓植物和无脊椎动物群落。
  - 在上游源头发现了在国内和国际上都具有重要意义的无脊椎动物物种，其中包括淡水珍珠蚌 *Margaritifera margaritifera* 和白爪小龙虾 *Austropotamobius pallipes*。
  - 上游源头环境为棕鳟、海鳟 *Salmo trutta* 和大西洋鲑鱼 *Salmo salar* 提供了关键的产卵场和幼鱼栖息地，也是欧洲保护物种溪七鳃鳗 *Lampetra planeri* 和鮈杜父鱼 *Cottus gobio* 的关键栖息地，英国的部分地区是它们的主要大本营。鱼类能否顺利进入上游源头溪流对其物种群落有重要影响，例如通过改变占优势的无脊椎捕食者从而对鱼类产生影响。
  - 其他依赖上游源头溪流的受保护物种包括水獭 *Lutra lutra*、水鼠 *Arvicola amphibius* 和翠鸟 *Alcedo atthis*。
  - 上游源头环境对多种鸟类至关重要。例如，通常会在湍急的高地河流附近发现灰鹡鸰 *Motacilla cinerea*，它以蚂蚁和蚊蠓等昆虫为食，并在近水的裂隙中筑巢。
- 如果上游源头的规模较小，环境就会极端脆弱。由于下游河段的健康状况取决于上游源头，所以在任何河流修复规划中都必须充分考虑上游源头。

诺福克的达河两岸的树林创造了一系列的栖息地，为许多不同的物种提供了觅食和隐蔽的机会。

（© Chris Mainstone，英格兰自然署）

专栏 2.2　高能量河流环境

在高海拔地区，河流典型特点是坡降大，暴雨和融雪形成的河水水流湍急。这种高能量急流环境下形成了由基岩、漂石、卵石和砾石组成的河床。由于河水营养贫乏，只能支持以藓类和苔类植物为主的稀疏植被，包括石蝇、蜉蝣和石蛾在内的需要高含氧量的昆虫，以鲑鱼和棕鳟为主的鱼类种群以及河乌和灰鹡鸰等鸟类。

- 在有河床砾石不停移动的湍急河流中，强烈的水流冲刷对大多数植物的生长都不利。因此，附生藻类就占了主导地位，其更大、更稳定的基质承载着繁茂的藓类和苔类植物，特别是在林地或湿度高的峡谷中。生活在苔藓中的无脊椎动物为河乌和灰鹡鸰等鸟类提供了宝贵的食物来源。

- 在粗糙的河床颗粒上或颗粒之间大多能找到无脊椎动物，通常包括大量的石蛾、蜉蝣和石蝇。其中一些河流是白爪小龙虾的栖息地，还有一些河流是极度濒危的淡水珍珠蚌的家园。

- 这些湍急的河流形成了砾石滩，为生活在不稳定的砾石中的特有无脊椎动物提供了栖息地。砾石滩对早期演替植被和鸟类(如剑鸻和蛎鹬)也很重要。

- 河乌、翠鸟、灰鹡鸰等鸟类是湍急河段的特征，它们以各种水生无脊椎动物为食，其中包括成蝇、蜉蝣、甲虫、甲壳类动物和软体动物。

- 深潭和回水等憩流避难所是湍急河流重要的自然组成部分。它们为那些无法承受高速水流的物种提供了避难所，而且其中较细粒的泥沙(淤泥和沙子)对某些特征物种必不可少，例如：七鳃鳗幼鱼在边缘淤泥床中发育；石蝇 *Leuctra nigra* 与砾石床溪流中的淤泥栖息地密切相关。沿河树木和掉落到河道里的大块木质障碍物对这些憩流区域的形成至关重要。

在苏格兰，阿弗里克河流经位于阿夫力谷的白桦树和欧洲赤松林地。基岩和粗颗粒泥沙是这类高能量河流环境的重要特点。
(© Mark Hamblin/ 2020VISION)

专栏 2.3 低能量河流环境

河床坡降较小的河流往往水流缓慢，能量水平低。这形成了蜿蜒的河道和由细颗粒泥沙及有机物沉积的河床。这些是低海拔地区河流的典型特征，不过在高海拔地区也能发现低能量溪流。

- 沉积的细颗粒泥沙适宜善于利用淤泥和沙子的物种，如豆蚌和珠蚌。沉水植物和繁茂的滨水植被本身就具有保护作用，同时还为栖息在植物中的水生动物如蜻蜓、豆娘和一些石蝇类提供栖息地。

- 鱼类群落以适应缓流或静水的物种为主，如鲈鱼、斜齿鳊和鳊鱼。这些物种将卵产在沉水植物中，鱼苗也依赖这些植物的庇护。

- 在水能充足且细颗粒泥沙输沙量较少的河段会出现急流和粗糙的河床基质。极度濒危的石蝇 *Isogenus nubecula* 是栖息在大型低地河流浅濑中的特有物种，如果没有湍急的浅濑及粗颗粒泥沙，它们将没有栖息地。

- 天然的浅河床支撑着邻近洪泛区较高的地下水位，因此形成了湿地栖息地，比如低地沼泽、潮湿的林地和物种丰富的湿草地植被。这些都是最稀有的栖息地，也是欧洲受保护的软体动物蜗牛 *Vertigo moulinsiana* 等濒危物种的栖息地。这些栖息地通常高度碎片化，也极易受到破坏。

- 白垩岩分布区的低地溪流是国际上重要的稀有栖息地。它们具有宽阔的稳定砾石河床和特征植物群落：河道中往往生长着水毛茛和水马齿科植物，边缘还有水芹和少量泽芹等植物。碱性水体和大量砾石哺育着许多种类的无脊椎动物，它们也是棕鳟、大西洋鲑鱼、溪七鳃鳗和大头鱼等鱼类的重要栖息地。

- 水鼠与低能量河流息息相关，它们一般生活在缓慢流动的河流、小溪和沟渠边缘的水生植被中。它们也可生活在高海拔地区、泥炭地地区的小沟渠、河流和湖泊中。

位于汉普郡的伊钦河是一条典型的白垩岩河，哺育了一系列国际上重要的植物和动物。它的水质和物理栖息地范围对其所支持的种类繁多的物种至关重要。
（© Guy Edwards/ 2020VISION）

第3章
人类对河流栖息地的改变

3.1　引言

　　长久以来，人们为了航运、供水、食物供应、废物处理、防洪、居住和发电而改变了英国和爱尔兰共和国境内的河流（图 3.1）。人类最初对环境的影响可以追溯到 6000 年前的新石器时代，当时的人们为了发展农业清除了天然植被，从而加速了水土流失和泥沙输入。河道排水、河流改道和渠化这类对河流的直接改造始于罗马人在公元 1 世纪占领不列颠的时期，并一直持续到 20 世纪末。这些人为工程直接改变了河流的形态和水量。土地不同区域的连通，使得河流也间接地受到流域土地利用变化的影响，例如，城市发展、林业和高强度农业开发 [27]。

　　对河流改造的初衷往往是好的，但人们对潜在后果一无所知。自工业革命以来，人口增长和技术进步导致河流廊道内的水生、湿地和陆地栖息地发生了重大变化 [28]。没有直接或间接被人类改变过的自然环境已不复存在。英格兰和威尔士的河流栖息地调查（river habitat survey，RHS）数据显示，50% 以上的河流通过改变形态和加固而被实质性改变，而在苏格兰这方面的数据为 17% [29]。在北爱尔兰，超过 50% 的低海拔地区河流已经被实质性改变。在爱尔兰共和国，河流渠化和土地高强度利用是可能导致河流无法达到良好生态状态的主要因素 [30]。

　　识别河流物理改变的类型和影响对于制定有效的修复策略至关重要。制定策略时还应了解其他影响因素。例如，水质退化可能需要与物理修复一并得到处理，以确保河流的恢复。在通常情况下，各种各样的改变相互叠加，加剧了河流的退化。例如，如果牛群踩踏了上游河岸，会造成泥沙过量输入，再加上河堰已经造成的泥沙淤积，河道的淤积可能会更加严重。

　　本章总结了河流直接和间接物理改变的发展历史及其对河流栖息地和生物多样性的影响。

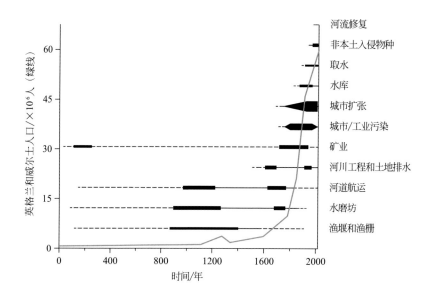

图 3.1 改变英格兰和威尔士河流的人类主要活动时间线

（来自 Holmes and Raven[15]，© Nigel Holmes and Paul Raven，"Rivers: A natural and not-so-natural history"，布鲁姆斯伯里出版公司旗下布鲁姆斯伯里野生生物出版社。）

3.2 对河流的直接改变

（1）河流渠化与疏浚

河流渠化包括自然河流的取直、改道和疏浚以及建造人工河道（图 3.2）。这有助于航运，能改善农业用地的排水并减少当地发生洪水的频率。河流渠化有着悠久的历史，但在过去两个世纪，由于 18 世纪中期英国的《圈地法案》和爱尔兰共和国1945 年颁布的《排水干渠法案》等法令的授权[15]，加快了河流渠化的速度，在 20世纪中期达到顶峰，在英格兰和威尔士形成了 8504km 的渠化河道网络[32]。在爱尔兰共和国，像香农河流域这样的低洼地区河流已被大规模渠化改造，以降低内涝和洪水的风险。在 19 世纪和 20 世纪发生的一些极端情况下，溪流和河流完全被混凝土衬砌包裹或从地下穿行。

广泛的河流渠化使得复杂的自然河流发生了根本性变化；在英格兰和威尔士，有活力的蜿蜒水道已不太常见，多叉水道也很罕见[33]。渠化后的河流形状一致，河床泥沙沉积也相同，缺乏维持不同无脊椎动物群落[34]和幼鱼栖息地[35]所需的水流变化。

图 3.2 （左）位于阿莫伊的弗莱斯克河，这是北爱尔兰的一条笔直河道（© Gareth Greer，北爱尔兰河流署）；（右）位于英格兰曼彻斯特的麦诺克河的一部分，这是一条维多利亚时代的砖砌河道，在 2014 年修复之前一直保持均一化的形态（©RRC）

河流渠化的另一个影响是阻隔了河流与其洪泛区之间的连通，减少了二者之间的水与营养物质交换频率[36]。尽管河流渠化往往是为了防洪，但却失去了洪泛区临时蓄洪的功能，再加上开凿的笔直河道加速了水流，反倒加剧了下游的洪水[37]灾害的发生。

渠化河流都是通过定期疏浚进行维护[37]。除了对栖息地的直接改变，疏浚还会产生更加长远的影响。不稳定的河床和河岸增加了细颗粒泥沙负荷，导致下游河床淤积，从而堵塞鲑鱼和鳟鱼的巢穴（产卵区）[38]，并造成大型潜游无脊椎动物群落缺氧[39]。

（2）河道采砂

在 20 世纪 30—60 年代的英国，从河流中采挖砂石来供应建筑用骨料很常见[40]，但现在已很少见了。然而，为了减少当地的洪水风险，采挖砂石这种做法仍然非常普遍。采挖砂石会改变泥沙规模和河流的形状。与之相关的栖息地恢复起来会比较缓慢，这取决于水流情势和泥沙输运。在极端情况下，采挖砂石可能会造成河床和河岸的侵蚀（图 3.3）[41]。

图 3.3　位于英格兰诺森伯兰郡的沃勒尔河

由于历史上在上游采挖砂石和修建河堰，河流下游缺少粗颗粒泥沙，导致河道
受到严重的非自然侵蚀（© 英格兰自然署）

（3）清除溪流中的树木

在人类活动之前，河流沿岸森林分布很广，水中汇集大量的木质障碍物是河流的普遍特征。直到 20 世纪 90 年代末，人们才认识到保留木质障碍物的生态重要性。在此之前，人们广泛地开展河流清障工作以改善航运条件，并认为这样做可以减少洪水风险，有助于鱼类洄游和排水。没有大片树木的河流往往更宽、更直，生物多样性也更少[42]。虽然障碍物的堆积会使河水漫溢到洪泛区，从而增加当地的洪水风险[43]，但这同时也可以削减下游洪峰。

（4）河堰和水闸

修建河堰是为了抬高水位，以此为磨坊、工业和灌溉供水。用于河道航运的水闸与河堰有类似的效果。使用水闸与河堰来驱动磨坊的历史可以追溯到撒克逊时代，但工业革命加速建造了由混凝土和石块组成的、更坚固的河堰。现在，大多数河堰已不复存在，许多堰坝被改造成微型水电站，只有少数作为遗迹被保护起来，河堰极大地改变了河流的自然特性，尤其是在英格兰和威尔士，那里有近 25 000 个蓄水堰坝[44]。尽管一部分水流能够通过这些构筑物，但水和泥沙的自然运动被破坏了。在河堰上游，蓄水淹没了原本暴露的沙洲和河岸栖息地，从而减少了某些水生植物群落的丰度[45]。河堰还会造成不自然的"平坦"或阶梯式河流断面，导致泥沙淤积和随之而来的其他问题，如养分的蓄积[46]。河堰的另一个影响是阻碍物种在上下游之间迁徙。由于苏格兰修建的河堰，据估计约有 5400km 的大西洋鲑鱼产卵栖息地无法进入[15]。

（5）其他河道构筑物

人们意识到了河流物理性质的退化和鱼类数量的减少，因此建造了导流板和碎石垫等构筑物，以改善鱼类的栖息地。突堤和防波堤会使水流偏转，并改变侵蚀和沉积的自然模式[47]，这会使栖息地退化，因此不再被青睐。在某些情况下，河床粗糙的陡峭河流中，漂石被移走以建造导流板，导致河道内丧失水流多样性，也导致了大型无脊椎动物群落和鱼类丧失很重要的庇护所及大范围河床泥沙。

（6）河岸加固

利用巨石、树木、碎石或混凝土进行人工加固，目的是减少河道摆动，以保护土地、居民点或基础设施（如桥梁和道路），并且减少河岸侵蚀带来的泥沙（图3.4）。护岸是普遍采用的措施；在英国低海拔地区，63% 的 RHS 调查点所在的河岸都得到了加固[50]。护岸的影响主要是：限制了河流顺应洪水过程而自然冲刷和摆动的能力，这反过来又会增加当地的洪水风险[48]。其他的实质性影响包括：河道变窄导致水流速度加快，进而侵蚀河床；河岸加固会直接导致岸边栖息地（如水鼠、灰沙燕、翠鸟和幼鱼的栖息地）的丧失。潜在的长期影响包括：形成多样化栖息地所需的河道和洪泛区联合体的丧失[49]；当两岸都被加固时，这一点尤其值得关注。

图 3.4 （左）位于敦夫里斯郡和加罗韦的埃维河上，为防止自然侵蚀而用漂石加固的堤岸（© Martin Janes，RRC）；（右）位于苏格兰阿伯丁郡的迪伊河上，使用瓦楞铁和碎石加固的堤岸。为改善与洪泛区的连通性，迪伊河河岸加固工程于 2015 年 10 月拆除（© 詹姆斯·赫顿研究所）

（7）防洪堤

用泥土或混凝土建造的防洪堤或河堤是为了防止河流自然溢出到邻近的洪泛区（图 3.5）。几个世纪以来，人们一直在建造和维护防洪工程，但随着对洪泛区开发（如城市居民点）的需求越来越大，防洪堤的高度和长度在 20 世纪都有所增加。遍布英国和曼岛的 5612 个 RHS 调查点的数据显示，14% 的站点与防洪堤有关[50]。防洪堤约束了河水的流动，从而形成更深的河槽并减少与洪泛区的连通性，而且还会加剧下游的洪水风险。例如，一项针对牛津郡查韦尔河的模型研究显示，防洪堤减少了洪泛区的蓄洪量，使下游洪峰流量增加了 50%~150%[51]。

图 3.5 位于北爱尔兰克拉迪的芬恩河防洪堤

防洪堤阻碍了河流与洪泛区之间的水和物质的自然交换（©Gareth Greer，北爱尔兰河流署）

（8）对沿岸及洪泛区的改变

为支持农业、城市居民点和工业而对洪泛区进行的开发往往伴随着河流渠化、河岸加固和防洪堤建设，这削弱了这些地区的自然特性。洪泛区清除天然植被的行为可以追溯到新石器时代。在英格兰，洪泛区湿地的大规模排水始于罗马时期，在17世纪有所加剧，并在20世纪中叶达到顶峰[5,15]。排水和填埋导致湿地、回水区和边沟的丧失，目前在低地地区，这些洪泛区栖息地已经非常罕见。由于天然植被被清除，英格兰和威尔士25%的河岸长度没有或只有很少的树木覆盖；目前，以桤木为主的洪泛区森林已经是非常罕见的栖息地。物种丰富的洪泛区草甸也是一种很罕见的栖息地类型，在英格兰只剩下1500hm²[52]。河岸植被群落是河流廊道生物多样性的重要组成部分，植被能通过根系来巩固河岸，从而有助于固定河流的形态。当河岸被矮草覆盖而不是树木覆盖时，河岸对侵蚀的抵抗力相对较弱，这增加了河流变宽和被分割的可能性[53]。在根据气候变化预测到的炎热天气里，河岸丧失树木覆盖也减少了动物所需的荫蔽[54]，还降低了向邻近河流输入木质物料的可能性。

3.3 造成河流改变的其他因素

（1）土地利用

除了河流廊道外，土地的利用方式也会对河流的水和泥沙输入量产生长期影响（图3.6）。高强度农业或城市化会减少蒸散量和土壤储水量，从而增加洪峰流量或减少基流流量。在极端情况下，特别是在城市建设导致不透水陆面增加的地区，加大的地表径流可导致河道侵蚀和扩大，从而形成非自然的河流形态和栖息地[55]。虽然各流域的影响各不相同，但当不透水陆面的面积接近流域面积的10%时，藻类、无脊椎动物和鱼类群落的多样性可能会因水质退化和非自然水流动态而受到影响[56]。来自农业区，特别是耕作区，或有密集排水网的造林区的面源泥沙输入增加了泥沙量，造成了河床的淤积和形态改变。例如，在英格兰北部的一些高地地区，19世纪采矿留下的煤炭和金属废料堆被河流侵蚀，导致大量的沉积和随之而来的侵蚀[57]。如果流出来的泥沙中存在有毒沉淀物，还会污染河流，降低大型无脊椎动物群落的多样性[58]。

图3.6 （左）来自农业生产区的水土流失和细颗粒泥沙输移（©SNH//Lorne Gill）；
（右）可能会导致河道淤积的问题（©Gareth Greer，北爱尔兰河流署）

（2）由外来动植物引起的物理变化

外来入侵物种会通过竞争、捕食或传播疾病直接伤害本地动植物，除此之外，还会直接破坏自然环境。常见于河岸的入侵植物包括：日本紫菀、喜马拉雅凤仙花和大猪草（图 3.7）。当这些植物在冬天死亡时，裸露的土壤就会暴露出来，使其更容易被侵蚀，从而导致细颗粒泥沙在河流中过度沉积[59]。由于外来水生植物能减缓水流和截留泥沙，它们也具有高度破坏性。控制这些已扎根土壤的植物是一项巨大的挑战，而新的入侵植物蔓延可能会在未来带来更多的问题。

20 世纪 60 年代，美洲标志性的小龙虾被引入英格兰，并向北传播到苏格兰的因弗尼斯。除了破坏本地白爪小龙虾的种群，它们还会通过挖掘洞穴来改变河道内的栖息地，从而破坏河岸，疏松河床基底，进而增加下游的泥沙淤积[60]。中华绒螯蟹也具有很强的破坏性，能够通过挖洞破坏河岸的稳定。它们于 20 世纪 30 年代被引入英格兰，2005 年在爱尔兰共和国南部被发现，2014 年在苏格兰的克莱德河中被发现。

图 3.7　大猪草是一种常见的入侵植物，它不仅通过竞争直接危害本地生物多样性，还会破坏河岸和栖息地（© 外来入侵杂草管理局）

（3）气候变化

河流对温度和降水变化非常敏感，因此容易受到气候变化的影响。潜在影响包括更加频繁地出现极端水情，这可能影响物理栖息地的稳定性和水质[61-62]。这些影响改变了栖息地、物种丰度、组成和分布[63]以及水体之间的连通性[64]。对气候变化的预测可以为河流栖息地和生物多样性何时、何地可能发生变化的深层讨论提供信息。例如，夏季降雨量减少和蒸发量增加可能对河流和湿地植物群落及鱼类造成影响。英国南部和东部依靠降雨补给的湿地和河流据估计会受到严重影响[65]。

（4）水坝和流量调节

19世纪，人们加速建造水坝，以便利用水库进行供水、发电和防洪。目前在英国有596座水坝是按15m的最低高度标准修建的，在爱尔兰共和国有16座这样的水坝[e]。这些水坝造成了河流碎片化，破坏了水、泥沙和生物群的自然运动[66]。除了淹没上游地区外，水坝和非自然水流情势也对下游产生了显著影响（图3.8），包括破坏了水流的自然流量变化，这种变化对触发某些生态习性是至关重要的，例如，河水暴涨可以诱导鱼类溯河洄游。在极端情况下，如果没有提供补偿流量，意味着河流的健康状况会严重退化。

虽说对物理栖息地的影响取决于每条河流的特征[67]，但洪水的减少也是水文情势改变的一个主要方面，因为洪水能够输运泥沙并能重新形成栖息地。例如，在苏格兰的斯佩河上游，自20世纪40年代以来的蓄水和流量调节导致河道变窄了，供鲑科鱼类产卵的栖息地因此也减少了[68]。洪水的减少还可以使可移动的砾石滩趋于稳定，增加河岸植被覆盖，但洪水减少后的物种多样性与无调节的河流相比减少了[69]。另一个常见问题是，水坝的拦沙作用导致输沙量减少，从而形成"铠甲化"的河床[41]，这种状况会减少产卵鱼类[41]和大型无脊椎动物群落的栖息地[70]。

图 3.8　位于苏格兰高地的拉根水坝

　　由于改变了自然水流和泥沙运动的模式，水坝及其流量调节会影响下游的栖息地（© 詹姆斯·赫顿研究所）

第 4 章
河流修复的效益

4.1　引言

　　除了支持丰富的生物多样性（见第 2 章）外，河流还为人类生活提供了许多资源和便利。具备自然功能的河流可以提供对人类生存至关重要的产品（如供饮用的清洁水[71]）和生态系统服务（如水净化和洪水调节）（图 4.1）。水的重要作用体现在我们今天的村镇和城市中，许多村镇和城市都是起源于河流并沿河流发展起来的。

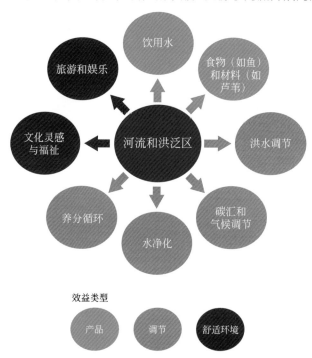

图 4.1　河流和洪泛区给社会带来的效益

　　如果我们对河流管理不善，可能会导致资源的过度利用，从而损害河流的健康及其支持的生物多样性。需要采取保护措施和恢复策略来保护和恢复河流的自然功能，以实现综合效益我们在制定策略以保护、修复和持续利用河流提供的生态系统服务时，首先应对河流提供的"自然资产"进行盘点 [72]。在了解河流及其洪泛区所提供的收益和服务之后，我们就能预测出河流修复可以带来的多重效益。

具备自然功能的河流具有重要经济意义。2013 年，爱尔兰内陆渔业署委托开展了一项关于爱尔兰共和国休闲垂钓的研究。据估计，垂钓大西洋鲑鱼和海鳟鱼为爱尔兰带来了 7.5 亿欧元的经济效益，并提供了约 10 000 个农村就业岗位 [73]。因此，保护和发展可持续渔业是河流管理的主要驱动力。

自然环境（包括河流廊道）对人们身心健康的益处也已得到认可。英国卫生部鼓励通过"自信社区，光明未来"项目将环境与健康相结合。2008 年，英格兰自然署启动了"自然健康服务"运动。置身于令人心旷神怡的自然环境之中会有利于人类健康，有助于病人康复 [74]。意识到河流的潜在效益之后，威尔士环境署（现在的威尔士自然资源署）于 2013 年设立了亲水基金（Splash Fund），让人们更容易亲近河流和其他水域生态环境 [f]。

4.2　河流修复的成效评估

对于任一河流修复项目而言，展示项目的成功是不可或缺的部分。我们应该使用可靠的科学方法来监测生态、水文和地貌的变化过程，以便能在更长的时间跨度上对修复前后的状况进行比较 [75]。只有对项目进行评估并吸取经验教训，才可以让我们知道如何才能更好地保护和修复河流。有关监测方法的介绍参见《实用监测指南》[76]，本书提出了一些常用方法的建议（图 4.2）。其中一些方法，例如，绘制河流栖息地地图（如使用 RHS）和定点摄影，只需要进行少量培训即可上手，成本相对较低。在理想情况下，应该在实施之前和之后都进行监测，并在一段足够长的时间内对变化进行评估。

为了改进其他河流的修复工作，并展示其带来的效益，分享河流修复经验是至关重要的。欧洲河流修复中心的网站 [g] 和河流修复中心的"国家河流修复库"[h] 等知识共享中心可实现信息的公开及广泛使用。

我们期望通过修复河流和自然栖息地，使各方都能从中受益，使大西洋鲑鱼、翠鸟、水鼠和水獭等备受瞩目的物种的减少趋势能够得到及时遏制。同时，这些众所周知的"指标"也有助于宣传修复河流的必要性[12]。

图 4.2 （左）为鱼类监测进行电捕鱼（© Judy England，英国环境署）；（右）用踢
样法采样收集和盛放在采样网中的大型无脊椎动物（© Judy England，英国
环境署）。这两种监测技术通常用于评估河流修复的生态响应

4.3 河流修复的公众认知

河流是本地环境中不可分割的、识别度较高的部分。然而，随着时间的推移，
人类活动的破坏（见第 3 章），人们对河流的认知以及与河流的联系已经发生了变化。
在重建人与河流的关系、恢复自然环境的社会效益的工作中，河流修复将发挥重要
的作用（图 4.3）。

在河流修复中开展公众认知调查是评价社会效益的有效手段。位于伦敦南部的瑞
文斯博河修复后，参观兰迪维欧田野城市公园的游客增长了 250% 以上，78% 的游
客在修复后的公园里感觉"安全"或"非常安全"，而在修复前这一比例为 44%[77]。
在伦敦东南部的桂基（Quaggy）河修复后，参观钦布鲁克草甸的游客中有 89% 认为
修复项目改善了公园的环境 [78]。

对斯克恩（Skerne）河修复项目的公众认知调查有利于开展对河流修复态度的长期研究[79]。于 1995 年在修复之前进行的调查目的是记录人们的期望，1997 年的调查是为了记录公众的初步印象，2008 年的调查是为了记录公众的长期的看法。修复后的调查显示，在 1997 年和 2008 年，分别有 82% 和 90% 的受访者对该项目感到满意。该项目使得参观野生生物的人数有所增长（从 1995 年的小于 20% 增长到 1997 年的超过 30%），游憩的人数也增加了。此外，在 1997 年和 2008 年的调查中，分别有 40% 和 59% 的人认为休闲价值有所增加。当地居民反映的受益包括风景的改善和野生生物的增加。这一调查说明让当地社区长期参与是非常重要的，这样才能激发人们对修复项目的兴趣并且培养人们关心当地环境的意识。

图 4.3　（左）修复后的桂基河和钦布鲁克草甸，位于伦敦东南部（© 英国环境署）；（右）修复后的斯克恩河，位于英国达林顿达勒姆郡，2005 年，修复工作进行 10 年后的状况（©RRC）。这两项河流修复项目均受到公众好评

4.4　河流修复的案例研究

以下案例研究阐述了河流修复带来的栖息地、生物多样性、社会和经济各方面的效益。所有的案例研究都显示栖息地对修复产生了积极响应，一些案例显示物种也产生了积极响应。这些案例研究表明除了社会影响之外，这些项目还有可能获得高额的投资回报。

案例 4.1　罗特溪（位于苏格兰安格斯）[80-81][i]

1. 项目概要

罗特溪是高地地区南埃斯克河上游的一条高能量砾石河床支流。南埃斯克河及其支流被指定为大西洋鲑鱼和淡水珍珠蚌种群的特别保护区。在 19 世纪 50 年代，为了保护农田免受洪水侵袭，对这条蜿蜒河流下游 1.2km 的河段进行了河道渠化，减少了栖息地面积，破坏了与洪泛区的连通性，并使罗特溪坡降更大，流速更高。河道的壕沟抑制了河流的天然自我修复能力，并且需要反复疏浚以清除长期积累的泥沙。虽然鳟鱼和大西洋鲑鱼的产卵栖息地仍然存在，但河道非天然的均一状况缩小了幼鱼栖息地的范围。电捕鱼调查显示，鱼类数量有所下降，另外从南埃斯克河上游流域的一个关键产鱼区初次洄游入海的大西洋鲑鱼数量也非常有限。

通过与一位土地所有者进行合作，加上苏格兰环境保护署水环境基金的 10 万英镑资助，埃斯克河流渔业信托基金和专家共同设计了一项计划，目的是把渠化河段恢复成弯曲河道，从而恢复大西洋鲑鱼和鳟鱼的栖息地，并通过提供垂钓机会带来广泛的经济效益。团队以历史地图为参考，设计了一条自然弯曲的河流，新河道于 2012 年秋季建成。工程完工后不久正逢洪水，形成了比预期范围更大的河流摆动，因此创造了更加多样化的栖息地。

2. 生物及栖息地效益

在完工后的几周内，水獭回到了这条小溪；2013 年就观测到了鱼类在这里产卵，鲑鱼、鳟鱼苗和幼鲑的数量也有所增加。由于河岸树木和灌木提供了更多荫蔽，鱼类栖息地的质量有望得到长期改善，这一点将通过电捕鱼持续监测得到验证。虽然短期内，工程施工使得大型无脊椎动物的丰度和物种多样性有所下降，但早期监测结果（斯特灵大学提供）表明，在重新蜿蜒流淌的河道中存在更丰富的物种。新的群落反映了栖息地多样性的增加，其中包括更细粒的泥沙和低流速沉积区。2013 年和 2015 年的取样结果对比表明，由于重新定殖和演替过程，无脊椎动物种群的丰度和多样性有所增加。

未来的前景是：淡水珍珠蚌会在修复河段重新自然定殖。重新定殖是修复项目的成功以及水质改善的强有力指标。

3. 其他效益

运用经济评估方法，对罗特溪修复计划 25 年内的经济效益的预测结果表明此项投资有良好的财务回报，其中包括从鲑鱼捕获中获得 19.8 万英镑，从防洪减灾中获得 8.3 万英镑，从教育中获得 2.8 万英镑。

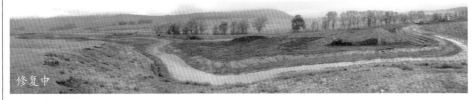

罗特溪在修复前、修复中和修复后的状况
2012 年春，修复工程完工后把河流恢复到先前的蜿蜒状态。（修复前、修复中和刚刚修复后的照片 ©SEPA；修复后通过第一次洪水的照片 © Kenny McDougall，环境中心）

案例 4.2 埃德尔斯顿河（位于苏格兰边界地区）[j,k]

1. 项目概要

埃德尔斯顿河是位于苏格兰边界地区的特威德河（特别保护区）的一条支流。这条河在 19 世纪早期被渠化，再加上农业高度开发，埃德尔斯顿镇和皮布尔斯镇的洪水风险有所增加。由于历史上的河流渠化和水流缓慢（这限制了河流的自我修复能力），根据欧盟《水框架指令》（WFD），这条河被认定为生态状态"差"。为了解决这些问题，参与式流域非政府组织特威德论坛（Tweed Forum）牵头实施了一个伙伴关系项目，与苏格兰政府、苏格兰环境保护署和邓迪大学一道，设计了一个流域范围的计划，实施河流修复和补救型土地管理行动，从而改善生物多样性和减少洪水风险。第二个动因是想将该项目作为一个"旗舰"示范项目，展示如何通过让土地所有者参与并与其密切合作，以协调整个流域的行动，同时保持农场的生产力。为了评估水文变化和洪水风险降低的情况，邓迪大学于 2011年在工程开始前建立了一个详细的监测网络，同时由英国地质调查局开展地下水监测。通过前期—后期控制影响的链条式设计，对修复行动的生态响应进行了详细监测。监测活动包括：由苏格兰环境保护署进行详细的大型无脊椎动物物种采样和大型植物调查；由特威德基金会通过电捕鱼来监测鱼类的变化。

涉及 12 个农场的实质性工作始于 2013 年，目前仍在继续。到目前为止，资助这项工作的资金已经达到 40 万英镑，资金来源包括水环境基金、苏格兰农村发展计划、苏格兰政府、苏格兰边界地区委员会、碳期货和林地信托基金以及土地所有者和当地企业的自愿捐款。截至目前，在生产力较低的高海拔地区，已种植66hm^2 原生阔叶树，并在溪流中建立了 56 座木质构筑物，以减缓洪峰，改善栖息地。在埃德尔斯顿河下游，3 条总长 1.8km 的河段重新变弯，增加了回水地貌，可以改善洪泛区栖息地并进一步减少洪峰。建造了 13 个"可渗漏池塘"，总面积为 5000m^2，用于在强降雨时临时储水。

2. 生物、栖息地及防洪效益

格灵雷蒂和伍德湖的河段经修复后，出现了鳟鱼和鲑鱼的产卵区，表明新的河床栖息地适合鳟鱼和大西洋鲑鱼产卵。通过对邓迪大学在这两个河段采集的大型无脊椎动物的样本分析，初步结果显示：物种的多样性和丰度有所增加，表明栖息地多样性有所改善。如果对修复河段和控制河段的物种进行持续监测，将有助于确定大型无脊椎动物群落的长期变化情况。水文模型表明，重新变弯的河流能蓄滞更多的洪水，而木质构筑物可以将洪峰推迟将近一小时。

3. 其他效益

按照欧洲《水框架指令》水体等级划分，埃德尔斯顿河的水体状况已从"差"进阶到"较差"，进而到"中等"。在该地区，项目采用积极主动的措施顺应自然，从而改善栖息地并减少洪水风险，极大地提高了公众印象。

在埃德尔斯顿河流域最新完成的行动，拍摄于 2014 年
（左）为减少下游洪水风险和改善河流廊道栖息地，在上游源头溪流种植树木；
（右）已恢复的回水区，位于伍德湖的埃德尔斯顿河已修复的蜿蜒河段（© Ulrika Aberg，RRC）

案例 4.3　科尔河，泰晤士河（位于英格兰的牛津郡和威尔特郡）[82][i]

1. 项目概要

科尔河是位于低海拔地区的泰晤士河支流，属于流速慢、河床泥沙颗粒小的河流。为了磨粉和农业，人们长久以来一直在改造科尔河，它是典型的英国乡村河道。几个世纪前，这条河受到改道的影响，水流被引到一家磨坊，这家磨坊下游的河流被取直加深。

科尔河修复项目是由欧盟生命项目（EU LIFE）资助的、英格兰 – 丹麦城市和农村河流修复的示范项目。科尔河项目的目的是：恢复河流原有的弯曲河道，以改善其景观、水生物种栖息地的多样性和洪泛区蓄洪能力。该项目进一步的目标是：展示流域管理中修复工程可以带来的多种效益。修复工程于 1997 年完工，耗资 20 万英镑，通过恢复旧河道或开挖新河道使这条河重新变得蜿蜒曲折。此外，旧河道的部分河段得以保留，打造了回水地貌和芦苇床，另外也改变了毗邻的土地管理，以利于洪泛区牧场的重建。新挖河道总长 1.3km，修复河道总长 1.2km。2008 年，增加了砾石和木质障碍物，进一步修复了河道内的栖息地。

2. 生物及栖息地效益

评价结果表明，物理栖息地多样性发生了快速的正向变化，洪水调蓄频次增多，产生了积极的生态响应。鱼类数量和密度恢复到以前的水平，植物物种丰富度增加。在下游的放牧区和耕作区，树木种类繁多的河岸带得以迅速的自然修复。但是，20 年来牛群放牧（即使是环境管理规定的低密度放牧）影响了上游开放牧区河岸植被的生长。大型无脊椎动物迅速重新定殖，修复一年后，物种丰富度略低于以前的数值，物种稀缺性较修复前有明显改善。2009 年（工程完工 12 年后），在下游河段发现了更多的有特定生态位的大型无脊椎动物种群，但由于植被、掩蔽处的缺乏和牛群的影响，鱼类密度在总体上有所下降。

3. 其他效益

在 1997 年的一项民意调查显示，住在科尔斯希尔的居民有 70% 对修复工作感到满意。相比之下，2008 年再次进行调查时，50% 的居民感到满意。支持率下降的原因是项目实施以来，缺乏当地社区的参与。这说明了让社区了解项目目标并让他们参与决策过程的重要性，这样做能让社区居民增强河流修复的主人翁意识和自豪感。

（左）2012 年，英格兰牛津郡科尔河的行洪道重新连通了洪泛区，增强了临时蓄洪能力；（右）2004 年，科尔河附近的野花草甸通过改进土地管理得以修复（©RRC）

案例 4.4　温瑟姆河（位于英格兰诺福克）[83][m]

1. 项目概要

温瑟姆河是一条流速缓慢的白垩岩地质河流，被指定为特别保育区（SAC），因为这条河流不仅哺育了白爪小龙虾种群，还是毛茛属植物（*Ranunculus*）的生长地。这条河流也被指定为 SSSI（具有特殊科学价值）河流，因为它也是重要的白垩岩地质河流栖息地。然而，随着时间的推移，由于疏浚、安装水磨坊水闸和高强度农业造成淤积，河网已经发生了变化，物理栖息地遭到破坏。结果是，这条河流没有达到欧盟《水框架指令》的目标，其 SSSI 生态条件为"不适宜"。为了解决这些问题，2008 年设立了由环境署、水管理联盟和英格兰自然署组成的温瑟姆河修复战略伙伴关系项目，制定了整条温瑟姆河的修复计划。截至 2015 年 8 月，15km 的河道得到修复，修复措施包括：使河道重新变得蜿蜒曲折；重新连通旧河湾；在河道内添加砾石和木质障碍物。

其中一处重要的修复地点位于大赖堡。在此之前，蜿蜒的河道在这里被建于 20 世纪 50 年代早期的人工渠道截断。建造的渠道中水流缓慢，流速无变化，导致河床淤积。旧河湾也被淤泥堵塞，其中一部分被植被覆盖。专家制定了详细的设计方案，目的是修复河湾和恢复下游人工渠道的自我修复功能、形状和水流。2010 年秋季采取了以下行动：将主河道和农田排水渠的水流重新连通到旧河湾；修复自然河道的断面；添加砾石并放置木质障碍物。新河道被设计成可自我修复的，因此未来不需要维护。

2014 年，温瑟姆河修复项目获得了"英格兰河流奖"，该奖项旨在奖励英国河流修复领域的典范。

2. 生物及栖息地效益

在修复赖堡河湾之后不到一年就完成了对大型植物的初步调查，发现了 31 种水生和边缘植物物种，其中包括一些与白垩岩地质溪流相关的植物。大型无脊椎动物的采样表明在修复的河流中已经迅速形成了物种丰富的生态组合以及一些与中高速水流和砾石河床相关的种群，如石蛾 Goerid 和蜉蝣 *Serratella ignita*。鱼类调查显示，修复前的裁弯取直河道内有 31 种鱼类；2011 年修复后，在重建的河湾中共发现 384 种鱼类，其中包括棕鳟以及大头鱼和七鳃鳗等目标物种。2013 年的一项后续调查显示，鱼类数量也出现了相应的增加。

3. 其他效益

该项目有助于产生多重效益，既降低了洪水风险，也为公众提供了舒适的环境。通过建立可自我修复的河道，河流维护成本得以降低。

达河是温瑟姆河的一条支流，左图和右图分别是 2010 年河岸治理和铺放砾石前后的照片，工程的目的是恢复河道的弯曲和河床高低变化（© 英国环境署，2022）

案例 4.5 肯特彻奇堰，曼诺河（位于威尔士 – 英格兰边界地区的赫里福德郡和蒙茅斯郡之间）[84-85][n]

1. 项目概要

肯特彻奇堰位于曼诺河上游，曼诺河是一条高流速的砾石床河流。自 20 世纪 70 年代以来，这座 2.6m 高的河堰就被弃用，是曼诺河鱼类洄游的最后一道障碍物，曼诺河上游有极好的河流栖息地，但鱼类难以抵达。这座河堰也破坏了泥沙和水的自然运动。一项关于瓦伊河流域鱼类洄游障碍的研究表明，如果选择拆除河堰而不是建造一条鱼道，除了可以恢复物理过程的连续性和特有的生物多样性之外，还有可能全面恢复栖息地的连通性。

肯特彻奇河堰拆除工程是同类工程中规模最大的，总成本 7.5 万英镑（包括拆除河堰和建造护岸）。2011 年，这座河堰被完全拆除，拆除的材料作为轨道施工建材被就地利用。项目组和承包商与当地渔业团体和土地所有者之间保持着良好的沟通，这让利益相关者得以了解承包商的工程作业影响（可能会对河床泥沙造成一定扰动）。

2. 生物及栖息地效益

威尔士环境署（现为威尔士自然资源署）的评估表明，拆除河堰使鱼类能够进出上游河网 160km 的产卵场，预计大型植物和无脊椎动物的栖息地将得以恢复，侵蚀和沉积的自然过程正在重塑河流。两年来，卡迪夫大学合作监测了河流形态效应，结果显示，由于之前被截留的泥沙发生移动，下游河床出现了点状沙洲和沉积。

3. 其他效益

河堰拆除工程的河流形态效应评估有助于更好地了解此类修复行动引发相关变化的过程。在拆除河堰后，河道重新自然调整，这表明拆除后不一定需要采取重新规划河床和河岸等重大干预措施。此外，在拆除前对淤积的泥沙进行了评估，结果表明，拆除河堰产生的细颗粒泥沙下泄问题比预期的小。

左图和右图分别为 2011 年通过拆除下游河堰修复曼诺河之前和之后的照片。经修复后的自然河床高低错落有致，水流流态多样，与之前单一的深水型栖息地形成鲜明的对比（© 威尔士自然资源署）

案例 4.6　梅耶斯溪（位于英格兰的伦敦巴金和达格纳姆区）[86][o]

1. 项目概要

梅耶斯溪是一条流经伦敦东北部梅耶斯溪公园的小溪。这座公园建于 20 世纪 30 年代，当时梅耶斯溪被重新规划，沿着其大部分长度开挖了涵洞，溪流的自然功能受到了严重限制，由于有金属围栏，这条溪流变得难以接近。梅耶斯溪公园景观总体规划是英国第一个适应气候变化的公共公园，该规划于 2010 年 7 月启动，目的是打造多功能景观，使在城市环境中生活的人们能感受自然，同时增加生物多样性并蓄洪。河流修复项目一期工程的目标是：重新规划流经公园的小溪，创造更自然的河岸轮廓，重新恢复弯道、回水和池塘。通过这些行动，人们希望梅耶斯溪及其经修复的洪泛区和湿地能够成为和谐的生态和社区交融区，助力当地城市再现生机。

2011 年，梅耶斯溪恢复了 1km，并新增了 1.5hm^2 的洪泛区，创建的沿河湿地和种植的树木改善了栖息地，并额外提供了 15 800m^3 的蓄洪空间。修复工程于 2011 年秋季完工，耗资 164.6 万英镑。除此之外，还翻新了公园设施，增加了宣介展示，为公众创造了了解自然环境和适应气候变化的机会。

2. 生物及栖息地效益

修复前收集的有关鱼类、大型无脊椎动物、栖息地和形态调查数据为评估项目的长期影响提供了基线信息。2012 年夏季和 2013 年春季的后续河流栖息地调查（RHS）显示，栖息地和水流形态的丰度和多样性有所增加。持续监测大型无脊椎动物群落将有助于评估生态响应。

3. 其他效益

梅耶斯溪公园项目为城市河道管理提供了一种替代传统硬件工程的办法，并优先考虑了公众需求和生物多样性。该项目成功地实现了公共、私营和志愿服务多方的目标。生态系统服务评估和以生态为重点的总体规划为修复奠定了坚实的基础。生态系统服务评估表明，每花费 1 英镑至少能给社会带来 7 英镑的长期回报。效益包括提高应对气候变化的能力和防洪能力。广泛的公众参与是目前为止项目成功的关键，对公园的未来也至关重要。

2011 年秋季梅耶斯溪下游河段修复前（左）和修复后（右）（© Nick Elbourne，皇家豪斯康宁公司）

案例 4.7　托尔卡河（位于爱尔兰共和国西都柏林的芬戈尔县）[p]

1. 项目概要

托尔卡河穿过都柏林的北部，是流经这座城市的 3 条河流中的第二大河流。在过去，为了降低洪涝风险，对河段进行了裁弯取直，工业和城市发展也对水质造成了不利影响。目前，这条河流还受到持续疏浚和入侵植物的不利影响。都柏林市议会已经着手准备在该城范围内打造一座公园，并解决污染问题。在芬戈尔县议会的指导下，已经在卡斯尔卡拉的上游郊区开展了河流修复行动，这也是邻近住宅区的公园开发计划的一部分。

作为开发工程的一部分，卡斯尔卡拉被堵塞的旧河湾已于 2002—2003 年被重新连通。2006 年，当局实施了多项改善渔业的措施，其中包括：在河道中添加碎石，以便棕鳟产卵；挖掘一些较深的水塘供成鱼栖息；开展景观修复，改善河流与洪泛区的连通性；建造池塘并改良表层土壤，以促进植物的自然定殖。

为了尽量减少对生物多样性的不利影响，未来需要严格管理外来入侵植物物种和疏浚作业。

此外，当局亦建议进一步改善池塘生态功能，以扩大未来水生植物和筑巢鸟类的栖息地。

2. 生物及栖息地效益

在卡斯尔卡拉修复后的蜿蜒河道中，已观测到棕鳟成鱼和幼鱼，也记录到其他重要物种（包括水獭、翠鸟和不同类型的蝙蝠），表明修复行动产生了积极的长期生物多样性响应。在没有播种或种植典型植物的情况下，洪泛区的植被迅速定殖，经过自然演替过程，洪泛区现在已被浓密的柳树灌木覆盖。

3. 其他效益

在创造吸引游客的绿色空间的同时，还在周边建造了通道和高架步行道，公园环境的舒适度已经得到提高，游客能在不破坏敏感栖息地的情况下体验公园环境，比如全年均可步行、慢跑、骑车和钓鱼。游客可以从高处俯瞰公园，也有一些游客会沿着河边的小路散步。

2006 年，即修复 4 年后，托尔卡河位于卡斯尔卡拉的河段面貌（左）；在 2003 年电捕鱼调查中，在修复后的河湾中捕获的棕鳟（右）（© Hans Visser，芬戈尔县议会）

第5章
如何修复河流

5.1　引言

为修复河流栖息地所做的努力最早可以追溯到 20 世纪初，主要是渔业委员会采取的行动[87]。现在英国和爱尔兰共和国有很多河流修复的案例，动因各不相同（图 5.1），这反映出不断演变的政策和可用于实现不同目标的各种技术的影响越来越大。早期的项目是通过技术人为改变河流形态，从而迅速改善物理栖息地，而不是优先考虑利用自然过程来维持复杂、动态的栖息地[88]。

早期项目广泛使用的改善栖息地的构筑物包括导流板、碎石垫、漂石滩、人工浅濑和鱼类掩蔽处，都是用石头、混凝土和木头建造的。证据表明这些干预技术使得物理栖息地种类迅速增加，但鱼类种群[89-90]和大型无脊椎动物群落[34,91-93]的多样性和丰度响应各不相同。这些技术现在不太受欢迎，主要原因如下：

（1）注重很有限范围内的河流形态、栖息地或物种的要求，而不能直接解决产生问题的根源，这会影响修复工作的效果[27,34]；

（2）通常是在一个较小空间尺度上实施，这意味着它们的影响有限（即通常是在一个河段的范围内）；

（3）需要定期维护以延长使用寿命[94]。

这些技术以前之所以受到青睐是因为缺乏资金、指导以及全流域范围的整体规划，再加上措施的有效性难以预估。目前，受推崇的修复办法是从早期实践中的经验和教训改进而来的，这种方法会优先考虑通过自然过程促进栖息地自我修复的技术[88]。通过恢复自然栖息地及其功能，进而恢复特有的生物多样性（专栏 1.1）。

修复河流的自然过程有以下优点[5, 88, 95]：

（1）侧重于应对退化的原因，而不是退化的症状；

（2）修复后的状态能更自然地贴合河段特征，因此也能实现其特有的生物多样性；

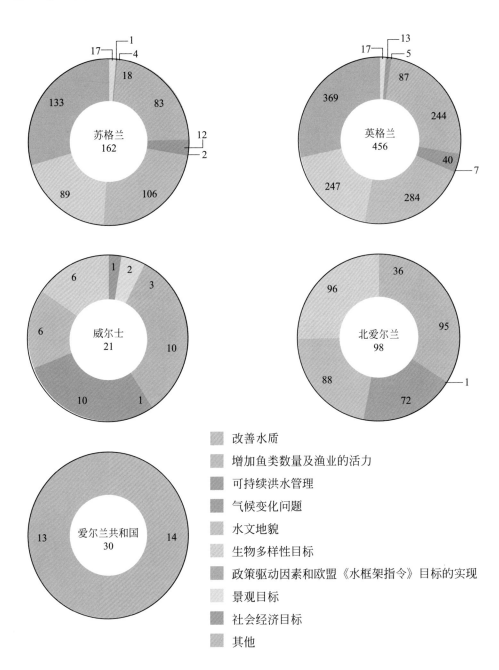

图 5.1　河流修复项目的动因

　　按区域划分（改编自 Griffin 等[10]），饼图中心显示了受调查项目的数量，饼图外圈显示了所报告动因的项目数量。爱尔兰共和国的数据有限，因此不能很好地反映出各种动因

（3）修复后的栖息地状况及动态比人工渠道或栖息地更具韧性和可持续性，特别是在面对气候变化时（专栏 5.1）；

（4）栖息地的多样性和河流动态过程达到期望的性状，同时，治理和维护成本也降低了；

（5）更有利于实现多目标的、更广泛的生态系统效益，而不只是为了恢复或保护有限的栖息地类型或物种。

从长远来看，通过最小限度地干预来恢复自然过程更具有可持续性，并有助于重建高质量有特色的栖息地。

专栏 5.1　恢复河流韧性，减轻气候变化的影响

具有韧性的生态系统是指能够自由调整以适应环境变化的生态系统。恢复河流的韧性被认为是应对未来气候变化潜在影响的关键手段。例如，通过修复河流廊道林地，可以保持生物群落的连通性，提供荫蔽以抵御气温上升，由此增强韧性[96]。

通过修复工作以提高河流的水文性状的韧性也有助于降低洪水风险[1]。在气候变化的情况下，预计洪峰的频率会更高[97]。缓解该问题的办法是：将河流与洪泛区重新连通，消除河岸的限制因素，让河道有摆动的空间。与洪泛区连通的河流将有助于蓄水，从而减少下游的洪水风险。消除横向的限制还能让河流自由调整其大小，以满足不同的流量和泥沙输移过程的需求[48]。

位于苏格兰高地斯特拉斯佩的因什沼泽。据估计，因什沼泽的蓄洪每年可避免下游洪水造成价值 8.3 万英镑的损失[98]（© Lorne Gill/SNH）

5.2 恢复河流过程的规划和实施技术

在流域整体范围内考虑河流的变化，可以在最佳地点采取适当措施，这样做可以给当地和整个流域都带来效益。专栏 5.2 总结了有效的、基于变化的河流修复通用三步规划法，这些原则在英国 SSSI 河流规划中得到了应用[99]。

专栏 5.2   制定河流修复规划

制定有效的河流修复规划包括三个主要步骤[8]：

（1）**从流域的地貌、水文和生态方面，了解修复的需求**。需要了解退化的原因，以便确定哪些变化正在影响河流自然栖息地。有时，退化可能是某地的上游或下游造成的，退化源头也有可能延伸到上游或下游很远的地方。评估也有助于了解应有的自然特征和变化，从而知道修复的潜力有多大。另外，为了评价修复效果、设定修复目标或"基准"，找同一河流类型的一个河段作为"参考"是比较有用的方式[4]。任何可能影响河流自我修复能力的主要问题（如水质较差）都必须加以解决。总之，这些考量因素有助于初步挑选适合的修复地点和技术。

（2）**考虑社会经济制约因素和发展机遇**。这些因素可进一步确定在第一步中挑选的修复地点和技术是否可行[8]。引入新的管理方式可能会遇到既得利益、现有工作方式和认知方面的挑战[100]。例如，不同的群体对河流修复会有不同的想法，因为这不是一个有明确定义的理念；这些差异会影响人们的判断，如应该优先进行哪些活动或措施，如何衡量项目的成功与否[101]。现有的土地所有权和使用权模式也会影响修复的可能性或难易程度。为了克服这些障碍并获得支持，与土地所有者和社区早日开展对话至关重要，因为没有他们的支持就无法进行修复[102-103]。对话还应该包括非环境保护部门和利益方，如水电公司或制定农业补贴计划的部门[104]。在协商过程中，如果从生态系统服务的角度（第 4 章）解释修复的多重效益，会有助于激发相关利益方的兴趣并获取支持。社会和经济评估还应该考虑到所有的项目风险、提议行动的成本和效益，从而确保可接受的投资回报。

（3）**明确修复行动的目标、时间表和预期成果**。开展这些工作之前，需了解修复工作可能会引起什么样的反应，这些反应又可以为项目的设计、实施和评估策略提供信息[105]。

在伦敦梅耶斯溪项目的修复规划中，通过模型展示吸引公众参与决策（©RRC）

修复河流的过程措施包括直接行动（如拆除阻碍河流自然发展过程的构筑物）和间接措施（如对河岸地带的放牧进行管理等）。在许多情况下，根据项目的目标和任务，有必要综合运用多种技术手段。并不是所有的技术都有普适性，需采用专栏 5.2 中的方法根据特定环境进行调整。

必须从长远的角度考量河流特有变化过程、栖息地和生物多样性的恢复，这是因为完全恢复需要很长的时间，规划实施也需要时间。以下两种方法可以有助于确保对项目的长期支持：

（1）开发的项目应该能够相对迅速地产生效益，将来又能实现生态恢复[103]。采用的技术不仅能够快速改善栖息地和自然过程，从长远来看也能够完全恢复河流自然过程、巩固自然特有栖息地[87]。

（2）着眼于河流修复所带来的长期效益，分摊行动的成本，并通过更好的生态系统服务抵消这些成本[5]。

在理想情况下，可以采用直接和间接技术来实现河流自然栖息地和生物连通性修复所需的四个主要过程目标（图 5.2）。可以采用过渡性技术来加速自然过程的恢复，如果有社会条件限制，可以采用替代性的"最后手段"。

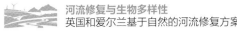

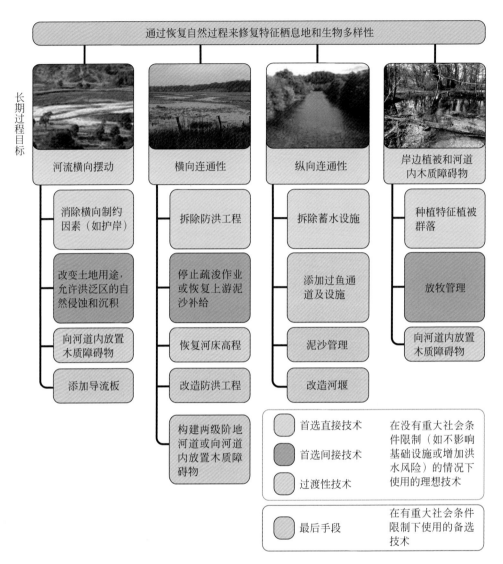

图5.2 河流修复项目的目标和相关技术，目的是修复特征栖息地、生物多样性和河流连通性（图片（从左到右）：© 詹姆斯·赫顿研究所；© Chris Mainstone，英格兰自然署；© 詹姆斯·赫顿研究所；© Martin Janes，RRC）

5.3 河流修复技术

（1）恢复河流横向摆动

让河流有摆动的空间是形成自然河道形态的必要条件，因为这能使水流深度、速度和河床泥沙变得多样化。从长远来看，为了恢复河流及其洪泛区之间泥沙的自然交换，形成错综的河流、河岸和洪泛区栖息地，有必要恢复河流的横向摆动。随着时间的推移，可能形成一条蜿蜒的河流，形成旁通河道和牛轭湖，从而使河流自由调整以适应水文和泥沙补给的变化（专栏 5.1）。

拆除湍急河流中的障碍物（如涵洞和护岸；图 5.3）足以引发河岸的自然侵蚀，再加上改变土地利用管理允许侵蚀和沉积，可以促进河流在整个洪泛区发生更大的横向摆动，也会形成交错的河流和洪泛区栖息地[106]。在消除了横向制约因素之后，可以向河道内放入木质障碍物，这一临时措施可以加速河岸的侵蚀过程。在流速缓慢、社会条件限制不允许使用上述技术的小型河流中，可以通过设置传统的导流构筑物来形成河曲，并在一定程度上增加栖息地的多样性。这些构筑物有必要仔细规划和设置，以尽量减少潜在的不利影响。

图 5.3　恢复自然的河道摆动和河岸栖息地，位于安格斯的怀特河一段漂石护岸被拆除前（左）和拆除后 5 个月（右）（© Kenny MacDougall，环境中心）

（2）恢复横向连通性

修复河流、洪泛区和河岸带之间的自由连通可以改善河流廊道的生物多样性，还可以发挥临时蓄水的功能以减轻下游洪水风险[107]。重新连通洪泛区可以恢复河流与洪泛区之间的水、泥沙、种子、有机物质及动物的自然交换。

据观察，拆除防洪堤[图 5.4（左）]可以改善湿地洪泛区栖息地，也有利于增加鱼类和河岸植被的多样性[108]。事实证明，通过重新连通洪泛区湿地可以减少洪峰[51]，而且对高频率、中低强度降雨最为有效[109]。停止疏浚和停止维护防洪工程有助于恢复河道的自然形态和横向连通性（最好是有计划地拆除防洪工程）。

图 5.4　（左）位于莫里的莫塞溪，在防洪堤上打开缺口，使河道与洪泛区重新连通，
　　　　形成了多种栖息地（© Scotavia 图片社）；（右）将位于兰开夏郡的里布尔
　　　　河防洪堤后移，让河流有更多的行洪空间，并增强了与洪泛区的相互作用
　　　　（© 英国环境署）

如果不能完全拆除河堤，可以选择将河堤后移从而为河流腾出更多的空间[图 5.4（右）]或在适当地点开口[110]。如果担心积水，还可以通过安装闸门和涵洞等补充措施来控制水的流入和流出[87]。洪泛区栖息地灌满水后，可以恢复回水、湿地和侧沟，这样，退化的洪泛区在连通后就可以得到改善（图 5.5）。

在河床已被疏浚且上游泥沙补给不足的地方，可能需要添加粒径适当的泥沙[图 5.6（左）]。在流速缓慢的河流中，抬升河床是恢复河道内栖息地以及其与河岸带和更广泛洪泛区连通性的唯一方法。这些环境中的输沙率很低，所以增加泥沙可能是长久之计，这样才能恢复特有生物群（如大型底栖无脊椎动物群落）[93]。相比之下，在湍急河流中，只有恢复自然泥沙补给并避免不必要的疏浚，才能持续地恢复特有的河床泥沙和高程[图 5.6（右）]。

图 5.5 （左）位于北约克郡朗普雷斯顿深谷的里布尔河与洪泛区重新连通，洪泛区
新出现的湿地"水塘"（© 英国环境署）；（右）位于达灵顿的斯克恩河上的
人造泉源湿地（©RRC），如果天然洪泛区湿地地貌由于横向连通性下降和
河流摆动而消失，可以重造这些湿地，这是修复洪泛区栖息地多样性的一
部分

图 5.6 （左）在怀利河中添加当地产的砾石。这样做可以恢复河床高程、洪泛区
连通性和流速，有利于产卵鱼类、大型无脊椎动物和植物群落的生长；
（右）位于坎布里亚郡的本溪和伊恩河。2014 年，本溪与伊恩被重新连通，
以恢复自然水流和泥沙补给（© Baptiste Mareau，北部河流研究所）

　　如果抬高河床会大幅增加洪水的风险，那么可以考虑采用两级阶地河道不完全
地与河岸栖息地重新连通 [110]，但这对河道内栖息地的益处有限。谨慎地放入木质障
碍物可以获得类似的效果，也可以改善河道内的栖息地。

（3）恢复纵向连通性

可以通过拆除河道上的蓄水构筑物，以恢复水、泥沙、有机物和生物群在上下游间的自然连通，重现天然多样的、动态的河流栖息地。这还有助于恢复附近河段的水深与流速的自然变化过程。

虽然在英国和爱尔兰共和国很少有拆除水坝的例子，但拆除或改造河堰非常普遍（图5.7）。一些用于改善栖息地的导流构筑物可发挥部分蓄水作用，但这种多余的构筑物已被拆除（图5.8）。拆除蓄水构筑物不仅需要对上游泥沙进行管理，还需要评估此类干预措施的社会和经济影响[44]。当构筑物年久失修或不再起作用时，将其拆除最为可行。拆除蓄水构筑物会迅速改变上游和下游的栖息地[111]，水流情势也能很快恢复。在以前筑堰地区，有大型无脊椎动物群落出现积极变化的案例[112-113]。然而，河床泥沙的重新形成需要时间，因此生物的完全恢复可能会相对滞后一些[114]。

2013 年 7 月

2014 年 5 月

图 5.7　2013 年，曼彻斯特附近的艾尔韦尔河，拆除废弃的普雷斯托利堰前后照片。拆除河堰可以恢复水、泥沙、植物和鱼类的自然移动以及特有河流栖息地（© Oliver Southgate，英国环境署）

图 5.8 在位于阿伯丁郡的迪伊河上，使用手绞车拆除"突堤"（导流构筑物），以恢复水流、泥沙运动和河床栖息地的连续性（© 迪伊河信托基金）

如果由于社会条件限制而无法完全拆除河堰，需采用替代性手段来减轻其影响。可以在堰顶凿出缺口，以便让生物群、泥沙、水流和栖息地在一定程度上自然化[44]。如果有足够的流量，就可以挖掘拦蓄区淤积的泥沙并将其放置在下游，以恢复泥沙向下游运动。如果主要目标是恢复鱼类洄游的话，则可以建设鱼道（如阶梯通道、水闸和升降机）。设计成模拟自然河流条件并改善栖息地连通性的侧渠比传统的鱼道更为可取。精心设计的鱼道和侧渠可以快速改善某些物种的迁徙，这意味着以前被封锁的栖息地变得容易进入了。然而，这些措施可能对更广泛的生态系统作用有限，因为与拆除屏障不同，它们并不能恢复水、泥沙、有机物和生物群的自然流动以及恢复特有河流栖息地。事实上，拆除河堰更为划算[44]。

（4）恢复岸边植被群落和河道内的木质障碍物

恢复岸边特有的植被可以增加荫蔽以降低水温；恢复树木繁茂的野生生物廊道，通过树木根系固岸可以减少河岸侵蚀[87]。其他的好处还包括树根延伸到水边，叶片和木质障碍物会持续地进入河里。这些过程的综合作用促进了自然栖息地的自我修复，并为鱼类和大型无脊椎动物群落提供营养。然而，考虑到植被的全面恢复需要很长时间，其效益可能要过一段时间才能显现。

种植本土树木、草和灌木可以恢复岸边特有的植被群落（图 5.9）。需要注意的是，要确保种植适合特定环境的本地品种。在某些情况下，在本土种子来源充足的情况下，放牧管理技术（例如，降低放养密度以及将引水点设置在远离河岸区的地方）可以使岸边植被在无需围篱或种植的情况下得以重建。另外，可能需要对岸边植被恢复进行维护，以确保有效地处理放牧影响（如定期维护围栏），并在必要时清除可能迅速占领这些受保护廊道的入侵植被物种[87]。此外，为了防止过度遮荫损害邻近水道的生产力，可能需要选择性地砍伐树木或修剪矮林。

图 5.9 （左）在位于坎布里亚郡的利文内特河上的河流廊道修复工程中种植的树木。请注意为牲畜饮水而配备的水泵，这是为了防止牛群对河岸的破坏（© Daniel Brazier，伊甸园河流信托基金）；（右）沿着位于阿伯丁郡的盖恩河种植树木，以减少河岸侵蚀并增加荫蔽（© 詹姆斯·赫顿研究所）

　　研究表明，农耕区多样的河岸廊道的植被修复不仅有利于水质的改善，还可以对河岸栖息地的多样性产生积极影响，从而有利于河道内大型无脊椎动物群落[115]和林地甲虫物种[116]的生存。恢复岸边植被群落还可以增加洪泛区蓄滞洪水的能力，从而降低下游的洪水风险[117-118]。

　　恢复河岸边的本地树木群落能为河道长期提供天然木质障碍物。在岸边树林长成之前，作为一种临时措施，可以将木头放置在溪流中形成天然木质障碍物的类似效果（图5.10）。与固定的河流构筑物不同，放置木质障碍物是一种更自然的技术，只需要最少的维护，这种方法灵活多变，因此不易被废弃[87]。已有充分证据表明，木质工程对鱼类（尤其是鲑鱼）的物理栖息地有积极影响[119]，它们还可以增加无脊椎动物的丰度[120-121]。

图 5.10　在位于诺福克郡的温瑟姆河边放置树枝，使河流栖息地多样化（左）
（© 英国环境署，2022）；为使苏格兰高地的奥尔特洛基的河流栖息地多样
化而放置树木一年之后（右）（© Liz Henderson，斯佩流域项目）

（5）重新连通和重建河道

恢复河流弯曲可以迅速改善物理栖息地，并"开启"栖息地长期而持续的发展过
程（图 5.11）。针对在河道渠化过程中被堵塞的弯道及侧沟，可以通过清除人为障碍
物将它们重新连通，以恢复河流栖息地的空间及多样性（图 5.12）。这比修建蜿蜒曲
折的河道所需的挖掘作业要少，但可能需要移除细颗粒的泥沙堆积，并重新分级，才

图 5.11　2014 年秋季，位于坎布里亚郡的利文内特河和豪河的鸟瞰图，在恢复河道
的弯道并从之前的渠化河道重新引流之后，形成了近 2km 的新河流栖息地
（左）（© Oliver Southgate，英国环境署）；豪河旧河道挖掘修复并引水 9
个月后的面貌（右）（© Daniel Brazier，伊甸园河流信托基金）

能将废弃的河道彻底地重新连通起来。在河流栖息地自我修复能力有限的地方（如由于流速滞缓[122]），最好将其连入新挖掘的河道。有时，可以利用以前的地图或旧河道在洪泛区残留痕迹作为参考来进行河道弯道的修复。只要处理好上游影响（例如，土地用途变化引起的来沙变化），河流形态就可以恢复到长期可持续的自然状态。

图 5.12　2004 年，在位于西萨塞克斯郡罗瑟河上的肖普汉姆挖掘施工，使其重新与旧的河流弯道相连通（左）；重新连通的河流弯道（右）（© Damon Block，英国环境署）

使河流重新变得蜿蜒曲折是为了恢复天然洲滩、浅濑和深潭，从而增加栖息地面积和横向连通性。过去的研究表明，河曲修复工程成功地改善了河流特有的动态过程和栖息地[123-124]，但物种的丰度和多样性响应却存在差异。丹麦类似工程的监测显示，无脊椎动物、鱼类和水生植被的丰度在短时间内小幅增加[125]，但其他研究表明，对鱼类的影响有限[126-127]。

5.4　解决造成河流物理改变的其他问题

（1）减轻土地利用的影响

为了减轻由于土地利用变化对水流和来沙造成的影响，可以在对河流及其洪泛区进行物理修复的同时使用一系列管理方案。例如，可以通过替代性耕作制度来减少地面径流和泥沙输入，从而解决诸如水土流失等"热点"问题[128][q]。在上游源头，改变土地利用方式和人工排水网络也能起到一定的效果。在位于威尔士中部高地的庞特伯伦，研究发现种植在放牧山坡上的林带减少了当地 40% 的洪峰[129]。在英格兰北部，堵塞排水沟和恢复泥炭地的措施被证明对水质和河床大型无脊椎动物群落有积极影响[130]。

（2）去除入侵植物和动物

控制入侵植物和动物物种颇具挑战，根除它们往往是不可能的。然而，采取一些控制措施可以改善当地的生物多样性，减少某些物种有害的实质性影响。可通过机械清除或喷洒除草剂来控制河岸带的外来陆生植物，也可通过改变环境条件予以消除，例如荫蔽和控制水位[87]。通过诱捕和化学处理，可以在一定程度上控制北美淡水大虾和中华绒螯蟹等入侵动物。在泰晤士河的两条支流中，去除标志性的北美淡水大虾增加了当地大型无脊椎动物群落的丰富度[131]。

（3）减轻水坝和流量调节的影响

大型水坝设施和流量调节会对河流栖息地造成影响，除非去除这些制约因素，否则河流栖息地无法得到恢复。在美国，一些废弃的水坝被拆除以彻底恢复水和沙的自然流动[132]。在无法拆除水坝的情况下，可以在维持设施正常运行的同时减轻一些不利影响。通过改变调度规则，可以使水流重新进入干涸的河道并重新形成变化的水流情势，从而改善水文条件。希望通过恢复水流情势，可以改善水深和流速，进而对生物群带来有利的影响[133]。可以通过设计环境流量来获取广泛的生态效益。例如，可以通过大流量来冲淤、松解被压实的泥沙，去除藻类[134]。设计恰当的水流情势之前不仅需要了解水文和生物群落的流量需求，而且还需要了解干预措施对供水的社会和经济影响[135]。在上游来沙被水坝阻断的情况下，可以通过人工补充沙砾来恢复下游泥沙的自然流动，从而创造河流栖息地[41]。

第6章
关于河流修复的建议

本章就如何改善英国和爱尔兰共和国的河流修复项目提出了若干建议。所有推动河流修复的行动应遵循专栏 6.1 所述的 6 项主要原则。

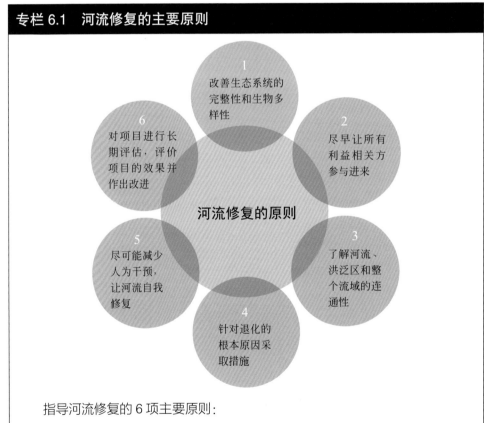

专栏 6.1　河流修复的主要原则

1 改善生态系统的完整性和生物多样性

2 尽早让所有利益相关方参与进来

3 了解河流、洪泛区和整个流域的连通性

4 针对退化的根本原因采取措施

5 尽可能减少人为干预，让河流自我修复

6 对项目进行长期评估，评价项目的效果并作出改进

河流修复的原则

指导河流修复的 6 项主要原则：

（1）使用以过程为导向的技术，如将洪泛区重新连通，改善生态系统完整性和生物多样性，而不是只关注单一物种的状态。

（2）尽早考虑不同利益群体的关注点和动因。在规划各项活动前，与利益相关方共同讨论目标，并识别机遇和阻碍因素。

（3）了解上下游自然过程的关联性：不局限于单个河段，而是统一考虑河岸区、洪泛区和整个流域。

（4）针对退化的根本原因，而不是表象，采取措施，同时考虑解决问题的范围。

（5）尽量减少对自然过程恢复的人为干预，让河流自我修复。

（6）使用成熟的监测技术对修复项目进行长期（5年以上）评估，并对项目效果进行评价，为未来的修复工作提供借鉴。

我们给政策制定者和从业者提出了20条建议，以便推动和改善河流修复工作的开展。

这些建议是基于专栏6.1中所述的各项原则、2014年11月利物浦研讨会有关成果（专栏1.2）以及我们在本专著中总结的对于河流修复工作的认知。

制定支持河流修复的政策

（1）保证政府提供长期投资（5年以上），以促进河流修复项目的规划、实施和评估。

（2）简化监管和审批流程，协助实施小规模、低风险的修复项目[13]。

（3）考虑采用创新方式（如通过土地收购、土地置换、土地保护契约和地役权或为土地用途改变付费等）补偿土地所有者[104]。

为修复提供资金

（4）展示河流修复的长期效益——如降低维护成本和减少洪水风险，从而鼓励更多的自发行动（自筹资金或以实物形式的支持）。

（5）利用已有计划多渠道资金的长期支持，可包括以下渠道（2016年的情况）：

① 农业环境计划（如《苏格兰农村发展计划》和《英格兰农村发展方案》）为河流沿岸植树等措施提供资金。

② 水环境基金和《河流环境改善计划》分别为苏格兰和爱尔兰共和国的河流修复提供资金。

③ 大规模资助，如遗产彩票基金、垃圾填埋税制、欧盟一体化项目、欧盟气候

变化适应基金和 EU-LIFE 项目为修复工作提供大量资金。

（6）考虑其他资金渠道来支持修复规划和行动 [104]。包括：

① 生态系统服务付费（payment for ecosystem services，PES）。一些水务公司参与的项目最近对这种方法进行了试点，通过激励机制鼓励土地管理人员采取措施改善河流和流域生态，从而降低水处理成本 [136]。

② 开发商出资计划。米斯河开发商出资计划就是水质改善工作的一个范例 [137]。

③ 引导企业（如食品生产商和包括超市在内的供应商）投资修复项目以提升品牌的口碑，满足企业承担社会责任的需求。

制定有效的修复规划

（7）在流域尺度上评估河流退化的过程和原因，以便在适当的地方、以适当的规模采取合适的修复措施，解决自然栖息地退化的根本问题。

（8）利用现有框架为大规模规划提供决策支持，比如 REFORM（河流修复 – 推进有效的流域管理）规程 [4] 以及英格兰河流修复战略 [104] 等。

（9）鼓励对河流修复规划和实施进行长期努力。

（10）平衡"自上而下"的战略和"自下而上"的行动，调动人们对河流修复的关注和热情。抓住"容易成功"的机会，如与态度积极的社区和土地所有者合作修复价值较低的土地，尤其要展示他们可以对流域更大范围内的修复发挥作用。

（11）根据不同情况评估项目活动的风险水平，确保风险与每个项目的成本匹配 [4]。

（12）尽早让所有利益相关方（土地所有者、河流信托基金、非政府组织、志愿团体和社区）参与其中，包括那些可能尚未参与修复工作的利益方，以便获得支持并最大限度地了解当地情况 [128]。可在以下方面开展工作：

① 确定与利益相关方建立关系所需的技能和时间 [138]。

② 对各方在修复方面的潜在动机和预期进行确认和交流讨论。

（13）制定清晰和可考核的项目目标。应考虑以下几点：

① 制定目标时要清楚所面临的社会和经济方面的制约因素。例如，在考虑是否要移除河堤时，如果存在无法克服的社会制约因素，与其考虑彻底拆除，不如考虑后移，或选择在某处开口从而部分恢复与洪泛区的连通性。

② 制定的目标要造福社会，争取更广泛的项目支持和资助[13]。例如，将河流修复与降低洪涝风险和缓解气候变化所致的水文极端现象明确联系在一起。

③ 利用可作为参考的河段或现有的重点修复计划来制定目标，比如参考《英格兰重点河流栖息地计划》[139]。

收集数据并评估项目

（14）通过在选定地点进行长期监测（5 年以上），增强河流修复证据的有效性[4,13]。这些地点的选择应考虑以下因素：

① 应覆盖修复项目的大的地理范围，包括在低洼地和城市区域以外的地方设监测点（现在流行在低洼地和城市区域设监测点[11]）。

② 监测工作应在修复工作开展之前启动，并持续到修复完成后足够长的时间，以便监测到短期和长期的变化。理想情况下，还可以在监测计划中设对照地点。

③ 应尽量让自然过程发挥作用来实现河流自我修复。

④ 应采用严格的科学方法监测河流、洪泛区以及整个流域范围内物理栖息地和生物响应，以及经济和社会影响[4]。

⑤ 应判断河流修复是否有助于恢复物理栖息地在被破坏前所特有的生物多样性。

⑥ 应调查河流修复的综合效益。比如，它是如何在降低洪涝风险、提高气候变化适应能力及缓解面源污染方面发挥作用的。

（15）推广应用可适用于所有地点的简单易行、经济有效的监测方法（如定点摄影）[13]。这些监测方法的一致性对于保证项目间的可比性至关重要。监测方法可以参考河流修复中心的《实用监测指南》[76]。

（16）通过公众科学（注：指科学研究中的公众参与与合作）提供有用信息，使人们很好地了解和爱护其所处的河流环境[103]。

（17）利用监测数据客观地评价项目，并为未来其他项目的设计和实施提供借鉴。

（18）了解不同的项目是如何进行的，从而发现机遇和困难，完善未来的工作。

宣传项目成效

（19）宣传河流修复遵循的原则（专栏 6.1）和产生的效益，尤其是以下几点：

① 用量身定制的内容和方式将信息传递给相应的受众（如政策制定者、河流受益者、土地管理者）。互动的方式（如通过实地参观或视觉呈现）会比书面报告更有效[140]。

② 强调尽量让自然过程发挥作用，让河流自我修复，以流域为范畴的修复理念。

③ 强调河流修复的长期潜在效益，以打消人们对修复成本和项目长期性的顾虑。

④ 分享项目执行情况，有助于从实践中学习和未来项目的成功实施[13]。

（20）促进河流修复活动与其他保护行动、景观恢复和政策驱动相结合，以增强其附加价值。例如，使河流及洪泛区修复成为自然洪水管理方法的有益补充[1-3]。

第 7 章
河流修复的未来

要扭转人类对河流的长期改造并恢复河流的自然功能是一个相当大的挑战，但这么做是非常有价值的，因为这样不但可以保护和增强生物多样性，还可以给社会带来巨大的效益，其中包括：

（1）通过改善蓄水和减少峰值流量，可以提高应对干旱和洪水风险这些气候变化极端事件的能力。

（2）通过恢复河流的自然过程和物理栖息地，可以减少河流的维护费用。

（3）通过改善环境设施，可以增加休闲和旅游的场所，提高人们的生活质量。

（4）可以让社区重新认识到该如何管理当地河流环境。

河流修复的愿景是让河流更自然地演化、支持更多的自然栖息地和功能（图 7.1）。我们现在可以更好地理解不同的修复技术如何对栖息地及其生物种群产生积极影响[141-142]。

河流修复可服务于各种政策和景观恢复工作，因此变得越来越重要。河流修复通过恢复洪泛区等自然蓄水区域，有利于洪水管理；通过恢复河流廊道的自然植被群落，有助于恢复更广泛的林地，从而提高应对气候变化的能力。

正在进行的爱得斯顿水域、温瑟姆河和伊甸河流域修复项目表明，多种修复措施可以创造长期的流域规模效益。从这些以及其他"旗舰"项目中收获的经验，将有助于促进英国、爱尔兰共和国、欧洲和其他地区的河流修复。在任何有可能的地方，我们都应该考虑在流域范围内恢复河流及洪泛区可以带来的更广泛的好处，并解决工作中遇到的障碍。

我们还必须总结过去的经验和教训，宣传那些有助于促进河流修复的例子。例如，2015 年设立的"英国河流奖"（类似于欧洲河流奖）就是为了鼓励各方合作并奖励优秀的修复项目。

在河流修复中合作尤其重要，想要获得成功就需要不同人群的参与。工程师、规划师、自然资源保护主义者、科学家、当地社区、地方政府、农民、土地所有者和政治家都可以发挥重要作用。找到具有包容性的方法虽然很不容易，但很有价值，本专著的建议将对此有所帮助。这样做不仅可以让河流发挥自身作用，改善生物多样性，还将有利于重新构建亲近河流的社会[103]。

图 7.1　参加河流修复项目评选的案例
（A）安格斯的罗头溪（© RRC）；（B）诺福克的塔特河（© 英国环境署，2022）；（C）汉普郡的黑水（© Martin Janes, RRC）；（D）爱丁堡的布莱德溪

术 语 表

取水	从湖泊和河流中取水为人类服务，例如，灌溉和饮用
回流（滞水）	在干旱天气下的低流速区或静水区，常见于冲积洪泛区的老河道或行洪河道，至少在高流量期与河道是连通的[143]
洲滩	由泥沙淤积而形成的河床抬高的区域。洲滩的类型包括侧向洲滩、河心洲滩、浅滩及点滩[144]
底栖生物区	被淹没基质或栖息地的表面，底栖动物生活在这个区域内[144]
生物多样性	"所有来源的形形色色生物体，这些来源除其他外，包括陆地、海洋和其他水生生态系统及其所构成的生态综合体；这包括物种内部、物种之间和生态系统的多样性"（《生物多样性公约》，1992年[a]）
生物过程	作为植物和动物生命周期的一部分的自然过程，如营养物循环和植被演替
漂石	比足球尺寸还大的颗粒（尤其是中轴长度大于256mm的颗粒）[144]
跌水	一种杂乱的、能溅起白色浪花的水流类型，多见于漂石河床溪流[144]
集水区／流域	河流水系某一给定点的上游区域，该区域的产流汇入河流[144]
河流渠化	天然河流的裁弯取直、引调水和疏浚以及建造人工渠道
特有的生物多样性	在不受人类不利影响的特定环境中，有望出现的生物群落和栖息地
粗颗粒泥沙	直径大于2mm的河床物质，包括砾石、卵石和漂石
卵石	尺寸大小大致介于网球和足球之间的颗粒（通常中轴长度为64~256mm）[144]
群落	在同一个地方相互影响的特定生物群体
沉积（河流）	泥沙或有机物质在河床或洪泛区的沉积
面源污染	污染物在大范围内的产生和迁移，例如细颗粒沉积物从许多小源头向河网的迁移和输入
扰动	对生态系统的扰乱，如一场洪水导致生态系统特性的改变
疏浚	从河流或小溪的河床中挖掘砾石、沙子或淤泥，以增加河道的行洪能力，通常是机械作业[144]

生态状态	表示水生生态系统结构和功能的好坏，通过将当前条件与参照情况进行比较来表示。参照情况由欧盟《水框架指令》定义[143]
生态系统	生态学概念，把许多相互作用的环境组成部分与生活在其中的生物体联系起来。一个生态系统既包括动物、植物和细菌等活的生物体，也包括水、岩石和阳光等无生命的组成部分[144]
生态系统服务	生态系统给人类带来的效益。生态系统服务包括减轻洪水、供水和能源生产
电捕鱼	一种利用电击和电网监测鱼类种群组成和丰度的技术。有时也称为电鱼
堤防	人造堤岸，建造目的是加高天然河岸，从而降低两岸土地遭受洪水影响的频率[143]
细颗粒泥沙	直径小于2mm的泥沙，包括沙子、淤泥和黏土[144]
洪泛区	当前或在历史上被洪水周期性淹没的河谷区域[143]
水流类型	单元子河段（长度小于10～20倍河道宽度）所反映的特定水流类型和形态特征。例如，浅濑、缓流、跌水和深潭[144]
食物链	一种链接网络，显示群落中各物种之间的捕食关系
地貌学	对地貌的形成和改造过程的研究[144]
缓流（滑流）	一种以平滑、缓慢的层流为特征的流态，比深潭的流速快、水深浅[144]
砾石	尺寸大小大致介于豌豆和网球之间的颗粒（通常中轴长度为2~64mm）[144]
栖息地马赛克	在物理、化学和生物过程的作用下，组成的形形色色、相互关联的栖息地
栖息地指令	1992年通过的旨在保护栖息地和物种的欧盟法案
水文学	对水循环的研究：水分蒸发、降水、蓄水、分配和径流，也用于表示河流的水流特性[144]
潜流带	河床下的水生生物生活区域，为水生生物提供了重要的庇护所和繁殖栖息地[144]
拦蓄	堰或坝对水和泥沙运动产生的阻挡效应
无脊椎动物	没有脊椎的动物。在河流环境中，包括蝇幼虫、甲虫、蜗牛、河蚌和水蛭等。它们是大型动物的重要食物来源，也是表征河流健康状况的有效指标[144]
横向连通性	水在河道和洪泛区之间可自由流动的程度[143]
河流横向摆动	河道在洪泛区摆动的自由程度[143]
纵向连通性	衡量河流上下游生态、水文和地貌连通自由程度的指标

大型无脊椎动物	肉眼可见的无脊椎动物
大型水生植物	容易用肉眼看到的较大型淡水植物，包括所有水生维管植物（有维管组织的植物）、苔藓植物、轮藻类（Characeae）和大型藻类 [143]
河曲	河道的弯曲 [144]
河流形态	小溪或河流的尺寸和形状 [144]
自然资产	"世界上的自然资产存量，包括地质、土壤、空气、水和所有生物。正是从这种自然资产中，人类获得了广泛的服务，这通常被称为生态系统服务，这些服务使人类的生存成为可能"（自然资产论坛 [r]）
营养物循环	河流系统中营养物的再利用、转化和输移
地表径流	流经地表的水流。通常发生在饱和土壤或不透水地质条件阻碍入渗的情况下，或者在降雨量超过入渗率的强降雨期间 [144]
物理栖息地	由水流与地形的相互作用所创造的河流廊道环境
物理改变	由于人类活动而对河流形状或流量造成的改变，如疏浚或筑坝
物理过程	形成和影响物理栖息地的过程，包括水和泥沙等物理材料的运动
深潭	一种深水、低流速的流态，与河道地势较低的区域有关 [144]
基于过程的	一种规划和实施河流修复的方法，通过自然过程来完成修复工作
急流	一种河床陡峭的河流类型（但没有跌水河流那么陡峭和湍急），河床由漂石和卵石组成 [145]
河段	河流的一个分区，这个区有不同于河流上下游其他部分的物理、水文和化学特征 [143]
河床产卵区	鱼在河床上筑的产卵巢
对照情况（参照情况）	完全未受干扰的情况，指不受人类影响，或只有少量影响，接近自然的情况 [143]
韧性	衡量生态系统适应环境变化（如气候变化）能力的度量指标
RHS	河流栖息地调查
物种丰富度	一个生态群落中的物种数量
浅濑	存在于坡度陡、水较浅的河段，其特点是具有较高的流速和以波纹形式存在于水面的未破碎的驻波 [144]
河岸带	能够直接影响水生生态系统状况的毗邻河道（包括河岸）的陆地区域（如能够提供遮荫或落叶的聚集区）[143]
河流廊道	包括当前有水流流动的河道及其毗邻的土地 [144]

河流修复	本书中使用的定义：重建河流系统的自然物理过程（如水流变化和泥沙运动）、特征（如泥沙粒径和河流形态）以及物理栖息地（包括淹没区、河岸区和洪泛区）
SAC	特别保育区。根据欧盟《栖息地指令》列入"自然 2000"保护区网络的、具有保护价值的区域
沙子	用拇指和食指捻动时有砂砾质感的细颗粒泥沙。通常中轴长度为 0.0625~2mm 的颗粒 [144]
泥沙	任意大小的颗粒 [144]
泥沙补给（来沙）	对从外部来源（如山坡）或内部来源（如河床和洲滩）向一段河流输运泥沙的一种度量 [144]
泥沙输移	泥沙在河流中随水流而产生的运动
SSSI/ASSI	苏格兰、英格兰和威尔士具有特殊科学价值的地点。北爱尔兰具有特殊科学价值的区域。由法定保护机构所确定的自然保护区
淤泥	用拇指和食指捻动时感觉光滑的细小泥沙。通常中轴长度为 0.001~0.0625mm 的颗粒 [144]
淤积	淤泥物质在河床上的沉积，它能填补粗糙的床面泥沙之间的空隙
SPA	特别保护区。根据欧盟《鸟类指令》列入"自然 2000"保护区网络的、具有保护价值的区域
基质	组成河床的物质 [144]
植被演替	植物群落发展的过程，从最初的先锋物种定殖发展到复杂的"顶极"群落
悬移质	以悬移状态在河流中输移的细颗粒泥沙
支流	汇入水系干流的小溪或河流 [144]
两级阶地河道	一种河道改造的类型，有时出现于人工取直的河流，因为受限制条件影响而不能实现完全的河流修复。两级阶地河道由洪泛区及切割到下方河岸内的狭长区域组成，通常是不连通的
水质	水的特性，如温度、清澈度和化学性质
堰	用于控制水流和上游水位，或用于测量流量的构筑物 [143]
湿地	位于永久淹没区和常年干燥区域之间过渡区的栖息地（如沼泽地、临时浅水区域）[143]
WFD	欧盟《水框架指令》（2000 年）

参 考 文 献

[1]   Scottish Environment Protection Agency. (2015). *Natural Flood Management Handbook.* https://www.sepa.org.uk/media/163560/sepa-natural-flood-management-handbook1.pdf.

[2]   Pitt, M. (2008). *The Pitt Review: lessons learned from the 2007 floods.*

[3]   Environment Agency. (2008). *Making space for water – The role of land use and land management in delivering flood risk management,* Final Report.

[4]   Cowx, I.G., Angelopoulos, N., Noble, R. and Slawson, D. (2013). *Measuring success of river restoration actions using end points and benchmarking.* REFORM report http://reformrivers.eu/system/files/5.1%20 Measuring%20 river%20restoration%20success.pdf.

[5]   Mainstone, C.P. and Holmes, N.T.H. (2010). Embedding a strategic approach to river restoration in operational management processes – experiences in England. *Aquatic Conservation: Marine and Freshwater Ecosystems*, 20, S82-S95.

[6]   Ward, J., Tockner, K. and Schiemer, F. (1999). Biodiversity of floodplain river ecosystems: ecotones and connectivity. *Regulated Rivers: Research & Management*, 15, 125-139.

[7]   Feld, C.K., Bello, F. and Dolédec, S. (2014). Biodiversity of traits and species both show weak responses to hydromorphological alteration in lowland river macroinvertebrates. *Freshwater Biology*, 59, 233-248.

[8]   Dufour, S. and Piégay, H. (2009). From the myth of a lost paradise to targeted river restoration: forget natural references and focus on human benefits. *River Research and Applications*, 25, 568-581.

[9]   Brookes, A. and Shields, F.D. (1996). *River Channel Restoration: Guiding*

Principles for Sustainable Projects, Chichester, UK, Wiley.

[10] Griffin, I., Perfect, C. and Wallace, M. (2015). *River restoration and biodiversity.* Scottish Natural Heritage Commissioned Report No. 817 http://www.snh.org. uk/pdfs/publications/commissioned_reports/817.pdf.

[11] Smith, B., Clifford, N.J. and Mant, J. (2014). Analysis of UK river restoration using broad-scale data sets. *Water and Environment Journal*, 28, 490-501.

[12] Ormerod, S.J. (2014). Rebalancing the philosophy of river conservation. *Aquatic Conservation: Marine and Freshwater Ecosystems*, 24, 147-152.

[13] Addy, S., Cooksley, S.L. and Dodd, N. (2015). *IUCN NCUK River restoration and biodiversity expert workshop report, 5th and 6th of November 2014* CREW project number CRW2014_10 http://www.crew.ac.uk/sites/www.crew.ac.uk/files/publications/River%20Restoration%20Workshop%20Report.pdf.

[14] Dudgeon, D., Arthington, A.H., Gessner, M.O., Kawabata, Z., Knowler, D.J., Leveque, C., Naiman, R.J., Prieur-Richard, A.H., Soto, D., Stiassny, M.L. and Sullivan, C.A. (2006). Freshwater biodiversity: importance, threats, status and conservation challenges. *Biological Reviews*, 81, 163-182.

[15] Holmes, N. and Raven, P. (2014). *Rivers*, Oxford, British Wildlife Publishing Ltd.

[16] Mainstone, C., Hall., R. and Diack, I. (2016). *A narrative for conserving freshwater and wetland habitats in England.* Natural England Research Reports, Number 064. http://publications.naturalengland.org.uk/publication/6524433387749376?category=429415.

[17] Frissell, C.A., Liss, W.J., Warren, C.E., and Hurley, M.D. (1986). A hierarchical framework for stream habitat classification: viewing streams in a watershed context. *Environmental Management*, 10, 199-214.

[18] Moore, J.W. (2006). Animal ecosystem engineers in streams. *BioScience*, 56, 237-246.

[19] Grabowski, R.C., Surian, N. and Gurnell, A.M. (2014). Characterizing geomorphological change to support sustainable river restoration and

management. *Wiley Interdisciplinary Reviews: Water*, 1, 483-512.

[20]   Young, K.A. (2001). Habitat diversity and species diversity: testing the competition hypothesis with juvenile salmonids. *Oikos*, 87-93.

[21]   Keruzore, A.A., Willby, N.J. and Gilvear, D.J. (2013). The role of lateral connectivity in the maintenance of macrophyte diversity and production in large rivers. *Aquatic Conservation: Marine and Freshwater Ecosystems*, 23, 301-315.

[22]   Boulton, A.J., Findlay, S., Marmonier, P., Stanley, E.H. and Valett, H.M. (1998). The functional significance of the hyporheic zone in streams and rivers. *Annual Review of Ecology and Systematics*, 59-81.

[23]   Boulton, A.J. (2000). River ecosystem health down under: assessing ecological condition in riverine groundwater zones in Australia. *Ecosystem Health*, 6, 108-118.

[24]   Malcolm, I., Soulsby, C., Youngson, A. and Hannah, D. (2005). Catchment-scale controls on groundwater–surface water interactions in the hyporheic zone: implications for salmon embryo survival. *River Research and Applications*, 21, 977-989.

[25]   Soulsby, C., Tetzlaff, D., Gibbins, C.N. and Malcolm, I.A. (2009). Chapter 10 – British and Irish Rivers. *In:* Tockner, K., Uehlinger, U. and Robinson, C. T. (eds.) *Rivers of Europe*. pp. 381-419, London, Academic Press.

[26]   Smith, I. and Lyle, A. (1979). *Distribution of freshwaters in Great Britain*, Institute of Terrestrial Ecology.

[27]   Palmer, M.A., Menninger, H.L. and Bernhardt, E. (2010). River restoration, habitat heterogeneity and biodiversity: a failure of theory or practice? *Freshwater Biology*, 55, 205-222.

[28]   Gurnell, A. and Petts, G.E. (2010). *Changing River Channels*, Chichester, UK, Wiley.

[29]   Maltby, E., Ormerod, S., Acreman, M., Blackwell, M., Durance, I., Everard, M., Morris, J., Spray, C., Biggs, J., Boon, P., Brierley, B., Brown, L., Burn, A.,

Clarke, S., Diack, I., Duigan, C., Dunbar, M., Gilvear, D., Gurnell, A., Jenkins, A., Large, A., Maberly, S., Moss, B., Newman, J., Robertson, A., Ross, M., Rowan, J., Shepherd, M., Skinner, A., Thompson, J., Vaughan, I. and Ward, R. (2011). Chapter 9: Freshwaters–Openwaters, Wetlands and Floodplains. *UK National Ecosystem Assessment*, pp. 295-360, Cambridge, UK, UNEP-WCMC.

[30] Shannon International River Basin District. (2008). *Freshwater morphological assessment in rivers: risk assessment refinement, classification and management – outcome report.* http://www.shannonrbd.com/pdf/freshwatermorphology/fwmoutcomereportmarch08.pdf.

[31] Lewin, J. (2013). Enlightenment and the GM floodplain. *Earth Surface Processes and Landforms*, 38, 17-29.

[32] Brookes, A., Gregory, K. and Dawson, F. (1983). An assessment of river channelization in England and Wales. *Science of the Total Environment*, 27, 97-111.

[33] Gurnell, A., O'Hare, J., O'Hare, M., Dunbar, M. and Scarlett, P. (2010). An exploration of associations between assemblages of aquatic plant morphotypes and channel geomorphological properties within British rivers. *Geomorphology*, 116, 135-144.

[34] Harrison, S.S.C., Pretty, J.L., Shepherd, D., Hildrew, A.G., Smith, C. and Hey, R.D. (2004). The effect of instream rehabilitation structures on macroinvertebrates in lowland rivers. *Journal of Applied Ecology*, 41, 1140-1154.

[35] Millidine, K., Malcolm, I., Gibbins, C., Fryer, R. and Youngson, A. (2012). The influence of canalisation on juvenile salmonid habitat. *Ecological Indicators*, 23, 262-273.

[36] Kondolf, G.M., Boulton, A.J., O'Daniel, S., Poole, G.C., Rahel, F.J., Stanley, E.H., Wohl, E., Bång, A., Carlstrom, J. and Cristoni, C. (2006). Processbased ecological river restoration: visualizing threedimensional connectivity and

dynamic vectors to recover lost linkages. *Ecology and Society*, 11, 5.

[37] Chartered Institute of Water and Environmental Management. (2014). *Floods and dredging – a reality check.* http://www.wcl.org.uk/docs/Floods_and_Dredging_a_reality_check.pdf.

[38] Soulsby, C., Youngson, A.F., Moir, H.J. and Malcolm, I.A. (2001). Fine sediment influence on salmonid spawning habitat in a lowland agricultural stream: a preliminary assessment. *The Science of The Total Environment*, 265, 295-307.

[39] Rabeni, C.F., Doisy, K.E. and Zweig, L.D. (2005). Stream invertebrate community functional responses to deposited sediment. *Aquatic Sciences*, 67, 395-402.

[40] Wishart, D., Warburton, J. and Bracken, L. (2008). Gravel extraction and planform change in a wandering gravel-bed river: the River Wear, Northern England. *Geomorphology*, 94, 131-152.

[41] Kondolf, G.M. (1997). Hungry water: effects of dams and gravel mining on river channels. *Environmental Management*, 21, 533-551.

[42] Gregory, S., Boyer, K.L. and Gurnell, A.M. (2003). *The ecology and management of wood in world rivers*, American Fisheries Society, Bethesda, Maryland.

[43] Gippel, C.J., O'Neill, I.C., Finlayson, B.L. and Schnatz, I. (1996). Hydraulic guidelines for the re-introduction and management of large woody debris in lowland rivers. *Regulated Rivers: Research and Management*, 12, 223-236.

[44] Environment Agency. (2013). *Weir removal, lowering and modification: a review of best practice.* https://www.gov.uk/government/publications/weir-removallowering-and-modification-a-review-of-best-practice.

[45] O'Hare, M.T., Baattrup-Pedersen, A., Nijboer, R., Szoszkiewicz, K. and Ferreira, T. (2006). Macrophyte communities of European streams with altered physical habitat. *Hydrobiologia*, 566, 197-210.

[46] Demars, B., Harper, D.M., Pitt, J.A. and Slaughter, R. (2005). Impact of

phosphorus control measures on in-river phosphorus retention associated with point source pollution. *Hydrology and Earth System Sciences Discussions*, 9, 43-55.

[47] Pender, G., Smart, D. and Hoey, T.B. (1998). Rivermanagement issues in Scottish rivers. *Water and Environment Journal*, 12, 60-65.

[48] Raven, E.K., Lane, S.N., Ferguson, R.I. and Bracken, L.J. (2009). The spatial and temporal patterns of aggradation in a temperate, upland, gravel bed river. *Earth Surface Processes and Landforms*, 34, 1181-1197.

[49] Salo, J., Kalliola, R., Häkkinen, I., Mäkinen, Y., Niemelä, P., Puhakka, M. and Coley, P.D. (1986). River dynamics and the diversity of Amazon lowland forest. *Nature*, 322, 254-258.

[50] Raven, P., Holmes, N., Dawson, F., Fox, P., Everard, M., Fozzard, I. and Rouen, K. (1998). *River habitat quality. The physical character of rivers and streams in the UK and Isle of Man. Environment Agency*, 86.

[51] Acreman, M., Riddington, R. and Booker, D. (2003). Hydrological impacts of floodplain restoration: a case study of the River Cherwell, UK. *Hydrology and Earth System Sciences Discussions*, 7, 75-85.

[52] Floodplain Meadows Partnership 2015. *Why should we create, restore or expand floodplain meadows?* Available: http://www.floodplainmeadows.org.uk/content/how-start-restoration-project.

[53] Charlton, F.G., Brown, P.M. and Benson, R.W. (1978). *The hydraulic geometry of some gravel rivers in Britain*.

[54] Broadmeadow, S., Jones, J., Langford, T., Shaw, P. and Nisbet, T. (2011). The influence of riparian shade on lowland stream water temperatures in southern England and their viability for brown trout. *River Research and Applications*, 27, 226-237.

[55] Gregory, K. (2006). The human role in changing river channels. *Geomorphology*, 79, 172-191.

[56] Paul, M.J. and Meyer, J.L. (2001). Streams in the urban landscape. *Annual*

Review of Ecology and Systematics, 32, 333-365.

[57] Macklin, M.G. and Lewin, J. (1989). Sediment transfer and transformation of an alluvial valley floor: the River South Tyne, Northumbria, UK. *Earth Surface Processes and Landforms*, 14, 233-246.

[58] Hirst, H., Jüttner, I. and Ormerod, S.J. (2002). Comparing the responses of diatoms and macroinvertebrates to metals in upland streams of Wales and Cornwall. *Freshwater Biology*, 47, 1752-1765.

[59] Stockan, J.A. and Fielding, D. (2013). *Review of the impact of riparian invasive non-native plant species on freshwater habitats and species.* CREW report CD 2013/xx. http://www.crew.ac.uk/sites/www.crew.ac.uk/files/publications/CREW%20Invasive%20Nonnatives%20Species.pdf.

[60] Johnson, M.F., Rice, S.P. and Reid, I. (2011). Increase in coarse sediment transport associated with disturbance of gravel river beds by signal crayfish (*Pacifastacus leniusculus*). *Earth Surface Processes and Landforms*, 36, 680-1692.

[61] Whitehead, P., Wilby, R., Battarbee, R., Kernan, M. and Wade, A.J. (2009). A review of the potential impacts of climate change on surface water quality. *Hydrological Sciences Journal*, 54, 101-123.

[62] Orr, H.G. (2010). *Freshwater ecological response to climate change.* Environment Agency Science Report.

[63] Clews, E., Durance, I., Vaughan, I.P. and Ormerod, S.J. (2010). Juvenile salmonid populations in a temperate river system track synoptic trends in climate. *Global Change Biology*, 16, 3271-3283.

[64] Durance, I. and Ormerod, S.J. (2007). Climate change effects on upland stream macroinvertebrates over a 25 year period. *Global Change Biology*, 13, 942-957.

[65] Johnson, A.C., Acreman, M.C., Dunbar, M.J., Feist, S.W., Giacomello, A.M., Gozlan, R.E., Hinsley, S.A., Ibbotson, A.T., Jarvie, H.P. and Jones, J.I. (2009). The British river of the future: how climate change and human activity might

affect two contrasting river ecosystems in England. *Science of the Total Environment*, 407, 4787-4798.

[66] Nilsson, C., Reidy, C.A., Dynesius, M. and Revenga, C. (2005). Fragmentation and flow regulation of the world's large river systems. *Science*, 308, 405-408.

[67] Williams, G.P. and Wolman, M.G. (1984). Downstream effects of dams on alluvial rivers. *US Geological Survey Professional Paper*, 1286.

[68] Gilvear, D.J. (2004). Patterns of channel adjustment to impoundment of the upper River Spey, Scotland (1942-2000). *River Research and Applications*, 20, 151-165.

[69] Gordon, E. and Meentemeyer, R.K. (2006). Effects of dam operation and land use on stream channel morphology and riparian vegetation. *Geomorphology*, 82, 412-429.

[70] Svendsen, K.M., Renshaw, C.E., Magilligan, F.J., Nislow, K.H. and Kaste, J.M. (2009). Flow and sediment regimes at tributary junctions on a regulated river: impact on sediment residence time and benthic macroinvertebrate communities. *Hydrological Processes*, 23, 284-296.

[71] Arthington, Á.H., Naiman, R.J., Mcclain, M.E. and Nilsson, C. (2010). Preserving the biodiversity and ecological services of rivers: new challenges and research opportunities. *Freshwater Biology*, 55, 1-16.

[72] Martin-Ortega, J., Holstead, K.L. and Kenyon, W. (2013). *The value of Scotland's water resources*. CREW report http://www.hutton.ac.uk/sites/default/files/files/publications/water-resources-bill-leafletfeb2013.pdf.

[73] Inland Fisheries Ireland. (2013). *Socioeconomic study of recreational angling in Ireland*. http://www.fisheriesireland.ie/media/tdistudyonrecreationalangling.pdf.

[74] Faculty of Public Health. (2010). *Great outdoors: how our natural health service uses green space to improve wellbeing. Briefing statement*. http://www.fph.org.uk/uploads/bs_great_outdoors.pdf.

[75]　Brierley, G., Reid, H., Fryirs, K. and Trahan, N. (2010). What are we monitoring and why? Using geomorphic principles to frame eco-hydrological assessments of river condition. *Science of The Total Environment*, 408, 2025-2033.

[76]　River Restoration Centre. (2012). *Practical River Restoration Appraisal Guidance for Monitoring Options (PRAGMO)*. Cranfield http://www.therrc. co.uk/PRAGMO/PRAGMO_2012-01-24.pdf.

[77]　Building Design Partnership. (2011). *Ladywell Fields, Lewisham.* https:// www.lewisham.gov.uk/inmyarea/regeneration/improvements-to-parks/ Documents/LadywellFieldsEndOfSchemeReport.pdf.

[78]　Driver, A. (2014). *Multiple benefits of river and wetland restoration – "Killer Facts" from projects*. Environment Agency http://www.nerc-bess.net/ documents/EA-Killer-Facts-Multiple-%20benefits-of-river-and-wetland-restoration.pdf.

[79]　Åberg, E.U. and Tapsell, S. (2013). Revisiting the River Skerne: The long-term social benefits of river rehabilitation. *Landscape and Urban Planning*, 113, 94-103.

[80]　River Restoration Centre. (2013). *Restoring a meandering course to a high energy river.* http://www.therrc.co.uk/MOT/Final_ Versions_%28Secure%29/1.8_Rottal_Burn.pdf.

[81]　Mellor, C. (2014). *Monetising the value of ecosystem services provided by river restoration projects*. 2014 RRC conference http://www.therrc. co.uk/2014_Conference/Posters/Mellor_Mellor_Value_of_Ecosyst_Services. pdf.

[82]　Åberg, E.U. and Tapsell, S. (2012). Rehabilitation of the River Skerne and the River Cole, England: a longterm public perspective. In: Boon, P.J. and Raven, P.J. (eds). *River Conservation and Management*. pp. 249-259, Chichester, UK, John Wiley.

[83]　River Restoration Centre. (2013). *River Tat Restoration Scheme: installation*

河流修复与生物多样性
英国和爱尔兰基于自然的河流修复方案

of woody debris, berms, pools and glides. http://www.therrc.co.uk/Bulletin/ Nov2013/Tat_FINAL.pdf.

[84] River Restoration Centre. (2013). Complete removal of a large weir. http://www.therrc.co.uk/MOT/Final_Versions_%28Secure%29/12.3_Monnow.pdf.

[85] Thomas, R.J., Constantine, J.A., Gough, P. and Fussell, B. (2015). Rapid channel widening following weir removal due to bed-material wave dispersion on the River Monnow, Wales. River Research and Applications, 31, 1017-1027.

[86] Natural England. (2013). Mayesbrook Park - green infrastructure case study: creating the UK's first climate change park in east London (NE394). http://publications.naturalengland.org.uk/publication/11909565.

[87] Roni, P., Pess, G., Hanson, K. and Pearsons, M. (2013). Selecting appropriate stream and watershed restoration techniques. In: Roni, P. and Beechie, T. J. (eds.) Stream and Watershed Restoration: A Guide to Restoring Riverine Processes and Habitats. pp. 144-188, Chichester, UK, John Wiley.

[88] Beechie, T.J., Sear, D.A., Olden, J.D., Pess, G.R., Buffington, J.M., Moir, H., Roni, P. and Pollock, M.M. (2010). Process-based principles for restoring river ecosystems. BioScience, 60, 209-222.

[89] Kelly, F.L. and Bracken, J.J. (1998). Fisheries enhancement of the Rye Water, a lowland river in Ireland. Aquatic Conservation: Marine and Freshwater Ecosystems, 8, 131-143.

[90] Pretty, J.L., Harrison, S.S.C., Shepherd, D.J., Smith, C., Hildrew, A.G. and Hey, R.D. (2003). River rehabilitation and fish populations: assessing the benefit of instream structures. Journal of Applied Ecology, 40, 251-265.

[91] O'Grady, M., Gargan, P., Delanty, K., Igoe, F. and Byrne, C. 2002. Observations in relation to changes in some physical and biological features of the Glenglosh River following bank stabilisation. In: Grady, M. O. (ed.) Proceedings of the 13th International Salmonid Habitat Enhancement

86

Workshop, pp. 61-77, Dublin, Central Fisheries Board.

[92] Miller, S.W., Budy, P. and Schmidt, J.C. (2010). Quantifying macroinvertebrate responses to in stream habitat restoration: applications of meta analysis to river restoration. *Restoration Ecology*, 18, 8-19.

[93] Mueller, M., Pander, J. and Geist, J. (2014). The ecological value of stream restoration measures: an evaluation on ecosystem and target species scales. *Ecological Engineering*, 62, 129-139.

[94] Roni, P., Beechie, T.J., Bilby, R.E., Leonetti, F.E., Pollock, M.M. and Pess, G.R. (2002). A review of stream restoration techniques and a hierarchical strategy for prioritizing restoration in Pacific Northwest watersheds. *North American Journal of Fisheries Management*, 22, 1-20.

[95] Newson, M. and Large, A.R. (2006). 'Natural' rivers, 'hydromorphological quality'and river restoration: a challenging new agenda for applied fluvial geomorphology. *Earth Surface Processes and Landforms*, 31, 1606-1624.

[96] Seavy, N.E., Gardali, T., Golet, G.H., Griggs, F.T., Howell, C.A., Kelsey, R., Small, S.L., Viers, J.H. and Weigand, J.F. (2009). Why climate change makes riparian restoration more important than ever: recommendations for practice and research. *Ecological Restoration*, 27, 330-338.

[97] Werritty, A. (2002). Living with uncertainty: climate change, river flows and water resource management in Scotland. *The Science of The Total Environment*, 294, 29-40.

[98] Davies, C. (2004). *Go with the flow: the natural approach to sustainable flood management in Scotland*. RSPB Scotland. https://www.rspb.org.uk/Images/Gowiththeflowreport_tcm9-196386.pdf.

[99] Mainstone, C.P. and Wheeldon, J. (2016). The physical restoration of English rivers with special designations for wildlife: from concepts to strategic planning and implementation. *Freshwater Reviews*, 8, 1-25.

[100] Waylen, K.A., Blackstock, K.L., Marshall, K. and Dunglinson, J. (2015). The participation-prescription tension in natural resource management: the case

of diffuse pollution in Scottish water management. *Environmental Policy and Governance*, 25, 111-124.

[101] Palmer, M.A., Hondula, K.L. and Koch, B.J. (2014). Ecological restoration of streams and rivers: shifting strategies and shifting goals. *Annual Review of Ecology, Evolution, and Systematics*, 45, 247-269.

[102] Souder, J. (2013). The human dimensions of stream restoration: working with diverse partners to develop and implement restoration. In: Roni, P. and Beechie, T. J. (eds.) *Stream and Watershed Restoration: A Guide to Restoring Riverine Processes and Habitats*,. pp. 114-143, Chichester, UK, John Wiley.

[103] Smith, B., Clifford, N.J. and Mant, J. (2014). The changing nature of river restoration. *Wiley Interdisciplinary Reviews: Water*, 1, 249-261.

[104] Wheeldon, J., Mainstone, C.P., Cathcart, R. and Erian, J. (2015). *River restoration theme plan: A strategic approach to restoring the phyical habitat of rivers in England's Natura 2000 sites*. Peterborough, UK, Natural England http://publications.naturalengland.org.uk/file/5930079982977024 www.gov.uk/government/publications/improvementprogramme-for-englands-natura-2000-sites-ipens.

[105] Skidmore, P., Beechie, T., Pess, G., Castro, J., Cluer, B., Thorne, C., Shea, C. and Chen, R. (2013). Developing, designing, and implementing restoration projects. In: Roni, P. and Beechie, T. J. (eds.) *Stream and Watershed Restoration: A Guide to Restoring Riverine Processes and Habitats*, pp. 215-253, Chichester, UK, John Wiley.

[106] Piégay, H., Darby, S., Mosselman, E. and Surian, N. (2005). A review of techniques available for delimiting the erodible river corridor: a sustainable approach to managing bank erosion. *River Research and Applications*, 21, 773-789.

[107] Tockner, K. and Stanford, J.A. (2002). Riverine flood plains: present state and future trends. *Environmental Conservation*, 29, 308-330.

[108] Jungwirth, M., Muhar, S. and Schmutz, S. (2002). Re establishing and assessing ecological integrity in riverine landscapes. *Freshwater Biology*, 47, 867-887.

[109] Williams, L., Harrison, S. and O'Hagan, A.M. (2012). *The use of wetlands for flood attenuation. Report for An Taisce.* Aquatic Services Unit, University College Cork http://www.antaisce.org/sites/antaisce.org/files/final_wetland_flood_attenuation_report_2012.pdf.

[110] Cowx, I.G. and Welcomme, R.L. (1998). *Rehabilitation of rivers for fish*, Food & Agriculture Organisation.

[111] Thomson, J.R., Hart, D.D., Charles, D.F., Nightengale, T.L. and Winter, D.M. (2005). Effects of removal of a small dam on downstream macroinvertebrate and algal assemblages in a Pennsylvania stream. *Journal of the North American Benthological Society*, 24, 192-207.

[112] Bushaw Newton, K.L., Hart, D.D., Pizzuto, J.E., Thomson, J.R., Egan, J., Ashley, J.T., Johnson, T.E., Horwitz, R.J., Keeley, M. and Lawrence, J. (2002). An integrative approach towards understanding ecological responses to dam removal: the Manatawny Creek study. *Journal of the American Water Resources Association*, 38, 1581-1599.

[113] Maloney, K.O., Dodd, H.R., Butler, S.E. and Wahl, D.H. (2008). Changes in macroinvertebrate and fish assemblages in a medium sized river following a breach of a low head dam. *Freshwater Biology*, 53, 1055-1068.

[114] Bednarek, A.T. (2001). Undamming rivers: a review of the ecological impacts of dam removal. *Environmental Management*, 27, 803-814.

[115] Feld, C.K., Birk, S., Bradley, D.C., Hering, D., Kail, J., Marzin, A., Melcher, A., Nemitz, D., Pedersen, M.L. and Pletterbauer, F. (2011). From natural to degraded rivers and back again: a test of restoration ecology theory and practice. *Advances in Ecological Research*, 44, 119-209.

[116] Stockan, J.A., Baird, J., Langan, S.J., Young, M.R. and Iason, G.R. (2014). Effects of riparian buffer strips on ground beetles (Coleoptera, Carabidae)

within an agricultural landscape. *Insect Conservation and Diversity*, 7, 172-184.

[117] Thomas, H. and Nisbet, T. (2007). An assessment of the impact of floodplain woodland on flood flows. *Water and Environment Journal*, 21, 114-126.

[118] Dixon, S.J., Sear, D.A., Odoni, N.A., Sykes, T. and Lane, S.N. (2016). The effects of river restoration on catchment scale flood risk and flood hydrology. *Earth Surface Processes and Landforms*, 41, 997-1008.

[119] Pess, G., Liermann, M., McHenry, M., Peters, R. and Bennett, T. (2012). Juvenile salmon response to the placement of engineered log jams (ELJs) in the Elwha River, Washington State, USA. *River Research and Applications*, 28, 872-881.

[120] Lester, R.E., Wright, W. and Jones-Lennon, M. (2007). Does adding wood to agricultural streams enhance biodiversity? An experimental approach. *Marine and Freshwater Research*, 58, 687-698.

[121] Coe, H.J., Kiffney, P.M., Pess, G.R., Kloehn, K.K. and McHenry, M.L. (2009). Periphyton and invertebrate response to wood placement in large Pacific coastal rivers. *River Research and Applications*, 25, 1025-1035.

[122] Brookes, A. (1995). Challenges and objectives for geomorphology in UK river management. *Earth Surface Processes and Landforms*, 20, 593-610.

[123] Kronvang, B., Svendsen, L.M., Brookes, A., Fisher, K., Møller, B., Ottosen, O., Newson, M. and Sear, D. (1998). Restoration of the rivers Brede, Cole and Skerne: a joint Danish and British EU LIFE demonstration project, III—channel morphology, hydrodynamics and transport of sediment and nutrients. *Aquatic Conservation: Marine and Freshwater Ecosystems*, 8, 209-222.

[124] Sear, D.A., Briggs, A. and Brookes, A. (1998). A preliminary analysis of the morphological adjustment within and downstream of a lowland river subject to river restoration. *Aquatic Conservation: Marine and Freshwater Ecosystems*, 8, 167-183.

[125] Friberg, N., Kronvang, B., Ole Hansen, H. and Svendsen, L.M. (1998). Long

term, habitat specific response of a macroinvertebrate community to river restoration. *Aquatic Conservation: Marine and Freshwater Ecosystems*, 8, 87-99.

[126] Moerke, A.H. and Lamberti, G.A. (2003). Responses in fish community structure to restoration of two Indiana streams. *North American Journal of Fisheries Management*, 23, 748-759.

[127] Pedersen, M.L., Friberg, N., Skriver, J., Baattrup-Pedersen, A. and Larsen, S.E. (2007). Restoration of Skjern River and its valley – short-term effects on river habitats, macrophytes and macroinvertebrates. *Ecological Engineering*, 30, 145-156.

[128] Newson, M. (2010). Understanding 'hot-spot' problems in catchments: the need for scale-sensitive measures and mechanisms to secure effective solutions for river management and conservation. *Aquatic Conservation: Marine and Freshwater Ecosystems*, 20, S62-S72.

[129] Jackson, B., Wheater, H., McIntyre, N., Chell, J., Francis, O., Frogbrook, Z., Marshall, M., Reynolds, B. and Solloway, I. (2008). The impact of upland land management on flooding: insights from a multiscale experimental and modelling programme. *Journal of Flood Risk Management*, 1, 71-80.

[130] Ramchunder, S.J., Brown, L.E. and Holden, J. (2012). Catchment scale peatland restoration benefits stream ecosystem biodiversity. *Journal of Applied Ecology*, 49, 182-191.

[131] Moorhouse, T.P., Poole, A.E., Evans, L.C., Bradley, D.C. and Macdonald, D.W. (2014). Intensive removal of signal crayfish (*Pacifastacus leniusculus*) from rivers increases numbers and taxon richness of macroinvertebrate species. *Ecology and Evolution*, 4, 494-504.

[132] East, A.E., Pess, G.R., Bountry, J.A., Magirl, C.S., Ritchie, A.C., Logan, J.B., Randle, T.J., Mastin, M.C., Minear, J.T. and Duda, J.J. (2015). Large-scale dam removal on the Elwha River, Washington, USA: river channel and floodplain geomorphic change. *Geomorphology*, 228, 765-786.

[133] Ban, X., Du, Y., Liu, H. and Ling, F. (2011). Applying instream flow incremental method for the spawning habitat protection of Chinese sturgeon (*Acipenser sinensis*). *River Research and Applications*, 27, 87-98.

[134] Batalla, R.J. and Vericat, D. (2009). Hydrological and sediment transport dynamics of flushing flows: implications for management in large Mediterranean rivers. *River Research and Applications*, 25, 297-314.

[135] Acreman, M., Farquharson, F., McCartney, M., Sullivan, C., Campbell, K., Hodgson, N., Morton, J., Smith, D., Birley, M. and Knott, D. (2000). *Managed flood releases from reservoirs: issues and guidance*. Wallingford, UK http://www.sswm.info/sites/default/files/reference_attachments/ACREMAN%20 2000%20Managed%20Flood%20Releases%20from%20Reservoirs.pdf.

[136] Department for Environment Food & Rural Affairs. (2014). *Defra payments for ecosystem services (PES) pilot projects: review of key findings of Rounds 1 and 2, 2011-2013*. https://www.gov.uk/government/uploads/system/uploads/attachment_data/file/368126/pes-pilot-findings-141028.pdf.

[137] Chapman, C. and Tyldesley, D. (2012). *River Mease Special Area of Conservation water quality management plan: development contribution plan*. http://www.nwleics.gov.uk/files/documents/river_mease_sac_developer_contribution_strategy1/River%20Mease%20DCS.pdf.

[138] Reed, M.S. (2008). Stakeholder participation for environmental management: a literature review. *Biological Conservation*, 141, 2417-2431.

[139] Mainstone, C.P., Laize, C., Webb, G. and Skinner, A. (2014). *Priority river habitat in England – mapping and targeting measures*. http://publications.naturalengland.org.uk/publication/6266338867675136?category=432368.

[140] Young, J.C., Watt, A.D., van den Hove, S. and the SPIRAL project team. (2013). *The SPIRAL synthesis report: a resource book on science-policy interfaces*. http://www.spiral-project.eu/content/documents.

[141] REstoring rivers FOR effective catchment Managment (REFORM). (2015). *A fresh look on effective river restoration: key conclusions from the REFORM*

project. Policy brief Issue No. 3 http://www.reformrivers.eu/system/files/
REFORM_Policy_Brief_No3.pdf.

[142] Lüderitz, V., Speierl, T., Langheinrich, U., Völkl, W. and Gersberg, R.M.
(2011). Restoration of the Upper Main and Rodach rivers – the success and
its measurement. *Ecological Engineering*, 37, 2044-2055.

[143] British Standards Institution. (2004). *Water quality — Guidance standard for
assessing the hydromorphological features of rivers.* BS EN 14614: 2004.

[144] Perfect, C., Addy, S. and Gilvear, D.J. (2013). *The Scottish Rivers
Handbook: a guide to the physical character of Scotland's rivers.* CREW
project number: C203002 www.crew.ac.uk/publications.

[145] Gurnell, A., Belletti, B., Bizzi, S., Blamauer, B., Braca, G., Buijse, A.,
Bussettini, M., Camenen, B., Comiti, F. and Demarchi, L. (2014). *A
hierarchical multi-scale framework and indicators of hydromorphological
processes and forms.* http://www.reformrivers.eu/system/files/D2.1%20
Part%201%20Main%20Report%20FINAL.pdf.

参 考 网 址

[a]   Convention on Biological Diversity. *Article 2. Use of terms*. http://www.cbd.
        int/convention/articles/default.shtml?a=cbd-02 Accessed July 2015.

[b]   European Environment Agency. (2015) *Freshwater quality*. http://www.eea.
        europa.eu/soer-2015/europe/freshwater Accessed January 2016.

[c]   International Union for the Conservation of Nature. (2015) *The IUCN Red
        List of Threatened Species* http://www.iucnredlist.org Accessed June 2016.

[d]   Rolf Bostelmann. *Ecological function of small watercourses*. http://www.
        waldwissen.net/wald/naturschutz/gewaesser/fva_wasserhandbuch_
        funktionen/index_EN Accessed June 2016.

[e]   International Commission on Large Dams. *Number of dams by country
        members*. http://www.icold-cigb.org/gb/world_register/general_synthesis.
        asp?IDA=206 Accessed March 2016.

[f]   The Wye and Usk Foundation. *Splash: water recreation challenge for Wales*.
        http://www.wyeuskfoundation.org/projects/splash.php Accessed July 2015.

[g]   Restoring Europe's Rivers. *Main page*. http://www.restorerivers.eu/
        Accessed May 2016.

[h]   River Restoration Centre. *UK projects map*. http://www.therrc.co.uk/uk-
        projects-map Accessed May 2016.

[i]   Restoring Europe's Rivers. *Case study: Rottal Burn*. http://restorerivers.eu/
        wiki/index.php?title=Case_study%3ARottal_Burn Accessed May 2015.

[j]   Tweed Forum. *The Eddleston Water project*. http://www.tweedforum.org/
        projects/current-projects/Eddleston Accessed August 2015.

[k]   Restoring Europe's Rivers. *Case Study: Eddleston Water*. http://restorerivers.
        eu/wiki/index.php?title=Case_study%3AEddleston_water Accessed August
        2015.

[l]   Restoring Europe's Rivers. *Case study: River Cole.* http://restorerivers.eu/
        wiki/index.php?title=Case_study%3ARiver_Cole-_Life_Project Accessed
        May 2015.

[m]   Restoring Europe's Rivers. *Case study: Wensum River Restoration Strategy.*
        http://restorerivers.eu/wiki/index.php?title=Case_study%3AWensum_River_
        Restoration_Strategy Accessed August 2015.

[n]   Restoring Europe's Rivers. *Case study: Kentchurch weir removal.* http://
        restorerivers.eu/wiki/index.php?title=Case_study%3AKentchurch_Weir_
        Removal Accessed May 2015.

[o]   Restoring Europe's Rivers. *Case study: Mayesbrook Climate Change Park.*
        http://restorerivers.eu/wiki/index.php?title=Case_study%3AMayesbrook_
        Climate_Change_Park_restoration_project Accessed May 2015.

[p]   Restoring Europe's Rivers. *Case study: Tolka Valley Park at Finglas.* http://
        restorerivers.eu/wiki/index.php?title=Case_study%3ATolka_Valley_Park_at_
        Finglas Accessed March 2016.

[q]   Natural England. *Catchment sensitive farming.* http://publications.
        naturalengland.org.uk/category/45002 Accessed August 2015.

[r]   Natural Capital Forum. (2015) *What is natural capital?* http://
        naturalcapitalforum.com/about/Accessed May 2016.